危機解密

從預防到修復的實戰管理

王馥蓓

★★★ 著 ★★★

我完全信任，王馥蓓寫的危機管理

丁菱娟／影響力學院創辦人、世紀奧美公關創辦人

我非常開心馥蓓能出這本書，這本書對於公司治理和企業面對危機管理的知識太重要了，加上我覺得王馥蓓具有正直的素養以及公關的正確知識，能夠端正社會對於公關的曲解和迷思，所以這本書由她撰寫，不僅恰如其分，而且還令人放心。

能與馥蓓共事很榮幸，她在奧美公關已經超過25年，是我非常欣賞的專業經理人。她經手過的客戶各行各業都有，尤其是全球知名的大客戶，重中之重都是擺在她的團隊，主要正是因為她的個性正直、誠信、專業、低調、穩定，是一位非常令人安心並信任的公關夥

伴，也是客戶非常器重的顧問。所以最重要的客戶，難度高的案例，企業公關的重大議題，都會交付在她手上完成。

　　危機發生之後能夠危機變轉機已屬難能可貴了，但通常很難有一個最美好或無傷害的結果，最重要的是處理時要讓品牌和消費者之間有個公開、透明、理解的過程，而公關顧問就是在這個過程當中盡量做到溝通到位的責任，然而，這個難度很高。加上危機管理的書非常難寫，雖然身為公關顧問經歷了很多經典的案例，但大部分的客戶都不希望我們再舊事重提，或是傷口上撒鹽，所以這也是為什麼在市場上很少看到危機管理的書籍，尤其是本土書籍。

　　危機管理通常都是在公關領域裡面最棘手，最複雜，最需要在短時間之內馬上梳理產業上下游知識，與

情分析，釐清真相，聯絡適當媒體，管理利益關係人，擬定公關大策略並不斷的溝通協調，力求做到客戶、媒體、消費者和利益關係人都充分理解的過程。所以也最耗費資深人員心力和時間，一旦承接之後，可能與團隊整個星期都要隨時備戰，無法好好睡上一覺。

馥蓓離開奧美之後，展開更多采多姿的人生，做她自己喜歡的事，在大學及 EMBA 教書，傳承公關理念，接任公益組織的董事及顧問，同時又考上了 ESG 企業永續管理師的證照，我可預期她的人生會越走越寬廣，越走越豐富。

這本書絕對是企業的寶典，也是企業維護形象和聲譽最好的祕笈。

建構信任的人

白崇亮／前台灣奧美集團董事長

在我認識眾多的品牌傳播工作者當中,馥蓓是那種深思熟慮,行事嚴謹,待人熱誠,又執著於追求卓越的資深公關人。她在奧美公關這一家公司,一做就是二十五年,從客戶服務專員(Account Executive)開始,一路成長到擔任公司的董事總經理(Managing Director),不曾有過一天的懈怠。她的熱情從何而來?

猶記得當初馥蓓從荷蘭鹿特丹大學取得 MBA 學位,到奧美來面試的時候,我正擔任奧美公關的董事長。當發現她在大學就受了完整企業管理訓練,再到國外拓展了國際視野,加上出國之前她具有的媒體經驗,

正是在那公關行業恰要起飛時期極為需要、又十分少有的人才。在我極力邀約之下，她選擇去到墾丁的海邊，在那裡獨自思考了一晚，考慮不同職涯會給她的人生帶來什麼影響。她終於下定決心加入奧美，其主要原因竟是董事長曾對她說的一句話：「公關是一個讓人越陳越香的專業。」

　　馥蓓用了四分之一世紀的歲月，充分印證她當初選擇接受的信念。不論傳播科技如何進步，傳播媒體如何改變，「公關的本質在於贏得信任」這件事從來沒有變過。當今世界所最缺乏，也最為需要的，恐怕不是更多的聰明策略或魔幻手法，而是足以贏得人們信任的企業經營與政府治理。無庸諱言，每當社會信任出現裂隙，就是危機伺機而出的時刻。這時，有一位經驗危機無數，深諳構築信任之道的公關顧問，就成為不可或缺的

角色。這樣的人，需要公關公司中面對各種客戶的多方訓練，更需要歷經時間考驗的長期養成。

在為自己開創第二生涯的開端，一如她過去一向的專注與投入，馥蓓集結她多年的專業知識與豐富經驗，完成了這本《危機解密——從預防到修復的實戰管理》。她自己說：希望這本書能做到「管理思維」、「經驗結晶」和「知識分享」這三件事。而我認為，市面上公關書籍已不算少，能做到第二、三項者不乏其人，但能從管理角度思考公關，特別是危機處理這件事的著作則幾乎未見。

或許因為我自己受的也是管理訓練，始終認為「溝通管理」是今日企業經營者和高階主管最為忽視的一項管理能力。只有在危機出現的時候，人們才意識到「溝通不當」所造成的成本損失，竟然如此驚人。也正如馥

蓓書中所指出，危機管理屬於最高管理階層的責任，在尋求每一個「溝通解決方案」（Communications Solution）同時，必然要有一個「商業解決方案」（Business Solution），經營者實在需要深切了解和領悟。

這本書架構清晰，系統完整，不但發展出堅實的理論基礎，還充滿了生動的實戰臨場感。作者以務實的筆調，不譁眾取寵，向讀者娓娓道來，十分引人入勝。我在閱讀的時候，不時想起馥蓓和我曾經共同經歷過的各個客戶危機，當初若已有這樣一本著作，或許當事人就可以少走一點冤枉路。我深感這是一本不可多得的專業著作，值得每一位企業經營者、機構負責人、政府決策者和專業公關人的仔細閱讀。

但願我們所在的社會，擁有更多懂得建構信任的人。

危機，正是成長的轉機

李吉仁／台灣大學國際企業學系名譽教授

誠致教育基金會副董事長

　　子曰：「人無遠慮，必有近憂」，這話不僅是提醒個人思維要能宏觀、要想得長遠，對組織的永續發展，更是重要。不論是決策的長短期效應、利益攸關群體的互動，甚至看似無關的事件造成的波及效應，都讓企業經營的不可控因素增加許多。再加上資訊數位化、社會民主化與溝通社群化的推波助瀾，企業經營的潛在風險，無形之中提高得更多。當潛在風險浮現成為危機，既存的「問題」本只是火種，只要成為可被公論、挑戰企業存在正當性的「議題」時，危機便成為可能一發不

可收拾的火苗，而快速地竄升為經營層次的難題；這種鮮明的危機處理場景，常常是經營者的夢魘。

儘管企業在進行未來規劃，尤其是重大投資時，都會進行必要的風險評估，但通常都是以合規為前提的風險控管設計。對於危機的處理資源與專業，考量成本，通常不會採取「超前部署」的作為，以至於危機一旦發生，整個組織因為沒有決策常規可依循，常陷入慌亂。加上，若組織不自覺的採取被動防禦心態，更使得問題雪上加霜，導致商譽嚴重受損，甚至難以恢復。

《危機解密》一書的出版，可說是應時且應需的內容。作者王馥蓓女士，以其多年服務於國際知名廣告公關集團的豐富實戰經驗，有系統地帶領讀者從認識理解危機的成因，到處理危機的溝通模式，乃至如何建立危機管理的制度，內容相當具有實用與參考性。

馥蓓是我相識多年的好友,更是長期支持新創培育與社會創新的貴人;也因此關係之賜,而有先睹為快的機會。綜觀全書,個人簡單以「一個終極目標」、「二個根本邏輯」、「三個管理環節」、「四個溝通要訣」與「五個管理原則」,歸結書中想要傳達給讀者關於危機管理的洞見與智慧。

　　首先,企業存在的唯一目的,並非只是營利,而是持續創造價值。危機管理,雖然不是直接創造價值,但卻是確保價值創造的循環可以持續的關鍵因素。所以,危機不該只是「有效處理」,而是「有效管理」,而若要設定危機管理的終極目標,我想應該就是「永續經營」。

　　在此目標下,若要能夠有效管理,組織需要擁抱兩個根本邏輯,一是防患於未然,也就是讓危機根本不發

生，二是要從反應（reactive）式的處理，轉變成預應（proactive）式的管理，將危機管理制度化。

既然要將危機納入管理制度，本書提示了三個重要的管理環節。一是「危機預防」，分別從點線面三個角度，建立危機敏感度、議題管理與利益關係人的議合，從而發展危機管理流程、職能與分工。二是「危機管理」，亦即建立管理原則與溝通模式。第三則是「危機後修復」，針對危機過後與利益攸關群體的關係，以及組織聲譽的有效恢復。

要能支持上述三大管理環節運行的基礎，組織需要掌握四個C的溝通要訣，也就是分別從質與量檢視（Check）相關輿論情形，進而發展溝通的定位與內容（Content），再決定選擇何種溝通的管道（Channel）與方式，最後進行結案（Closure）的判斷與修復準備。

在此溝通基礎上，本書提供五個重要而實用的管理原則（亦即 DISCO），導引企業面對危機時能夠「做對的事」，而非只是努力「把事情做對」。這五個原則包括：「溝通行動與商業行為必須雙管齊下」、「要在第一時間面對回應」、「決定利益關係人的溝通優先順序」、「進行後續發展的掌握」、與「負起應有的責任」。

儘管每個危機的緣由與結構或許不盡相同，但若能建立正確的管理思維與管理模式，善用 4C 溝通要訣與 DISCO 管理原則，能有效管理危機，肯定是企業邁向永續成長的轉機！

信任的人寫的信任之書

沈方正／老爺酒店集團執行長

敝人與馥蓓既是合作伙伴也是朋友，她擁有公關行業中最不可取代的重要特質，即是「令人信任」。

我們旅館行業有著自開幕之後就365天24小時不中斷營業的特性，所以潛在的危機因子可謂不勝枚舉。從天氣、環境、能源、食材、人員、設備、設施，只要一有差錯即成大小危機，所以在日常運作上需要具備高度的危機管理能力。

一般而言，面對顧客的現場危機處理，我們的主管大多有一定的能力與經驗。但是在進入了數位網路年代，自媒體、社群、網軍可以把以往看似平常的事件，

描繪成非比尋常的狀況。這就成為我們個人，以及組織需要具備的新能力，更是面對新環境中的重要挑戰。

　　這本書的內容即是絕佳的學習研討素材。我很高興看到馥蓓完成了這本寶貴實用的著作，從個人於公於私受到作者協助處理危機事件的經驗，我可以親自保證，詳讀本書絕對讓大家「日可安心，夜可好眠，公司放心，客戶貼心」，我衷心推薦！

危機管理就是經營的本質

齊立文／《經理人月刊》總編輯

讀到本書的第九章時，看到作者馥蓓開頭寫的一段話，我忍不住笑了起來，她是這樣寫的：「我已將自己二十五年危機管理的武林祕笈，全部都分享解密完畢。至於如何使用這本書？我希望大家永遠不要用到！」

在理想而美好的世界裡，無論是個人或組織，當然沒人想遇到危機，所以永遠用不上危機管理的know-how，無疑是再幸福不過的事。不過，在真實的人生裡，應該不會有人當真做這麼理想而美好的夢：永遠與危機絕緣。

因此，我想把馥蓓的話換個方式講：你或許可以希

望自己「用不上」危機管理技能，但是你不能放鬆自己「不去學」危機的預防、管理和修復。最重要的是，要「提早學」，才不會臨危時急就章；更要「向專家學」，不至於病急亂投醫。

危機管理不能再備而不用，而是要時時預演

關於危機管理的真義，我特別喜歡書中的一段描述，簡單又基本：「企業危機處理的基本原則是防患未然，讓問題不要變議題，讓議題被解決，才能預防危機的發生。」

對我來說，企業危機管理跟人體健康管理很相近。

通常人們去體檢時，即使報告出現紅字，顯示體脂偏高（問題），但是大多數人在看到一次兩次三次相同的「赤字」時，根本都不以為意，非得等到醫生嚴厲發

出警訊，甚至嚴重到病倒（議題），才會啟動健康管理機制。

理論上，健康管理應該是為了打造一個「不（易）生病」的體質，但是不少人卻都把它用作「修復身體」的手段。

出於同樣的道理，企業的經營應該是建立在盡可能不出錯的前提上，而非在出了錯之後，以能夠完美解決問題而自豪，本末倒置。

不過，世事難料、禍福相倚。再怎麼小心謹慎，誰能保證永不犯錯或失誤？歷史一再揭示，昨日還績優長青的企業，明日就可能平庸衰敗；統計數字也反覆顯示，企業的平均壽命愈來愈短，某種程度上表示經營環境的風險和難度日益升高。

更甚者，當多變（volatility）、不確定（uncertainty）、

複雜（complexity）和模糊性（ambiguity）成了常態，再加上全球化和社群媒體的推波助瀾，乃至於難以預料的天災人禍，非但不犯錯難上加難，即使不是自己的錯，恐怕也必須共同承擔。

可以說，面對21世紀的經營環境，「危機四伏」將是永恆不變的常態，Intel創辦人安迪・葛洛夫（Andy Grove）在上世紀八十年代說過的「唯有偏執狂得以倖存」，或許更顯時效性。因此，危機管理的相關知識和技能，更不能再只處於「備而不用」的狀態，而是必須成為「基本必修」，還要時時警覺、時時演練。

應付危機的戰術之外，更要掌握預防危機的戰略

閱讀本書的過程中，我一直想到「曲突徙薪」這個成語背後的故事，大意是：「某戶人家的灶，煙囪是直

的，旁邊堆著柴火。有客人來訪看見後，勸主人把煙囪改成彎的，再挪開柴火，以免發生火災，但主人充耳不聞。之後那家竟果真失火，有賴鄰居們幫忙撲滅。為表達謝意，主人請客招待因救火而受傷的鄰人，根本沒想到要邀請早先提醒他的那個客人。」

從後見之明來看，主人要是當初早聽了那個客人的建議，家裡說不定就不會失火，也不用宴客答謝了，但是主人卻是直到房燒了、火滅了，還沒悟出這個道理，他想到的層次，還只是謝謝來幫忙救火的鄰居。

這不也很像許多企業對於危機管理抱有的迷思嗎？如同書中所說，「（遇到危機時）只從應付媒體的技術層次思考，忽略了從企業經營管理角度思考。事實上，一個缺乏危機管理文化、系統與技能的企業，面對突如其來的狀況，其實是無法有效地管理危機，更遑論從危

危機解密
從預防到修復的實戰管理

機中站起來，恢復昔日光采。」

面對危機，固然當下的處理方式攸關重大，但是如果沒有體認到在危機的上游和下游，還有更多功課要做，或許也枉費了危機所帶來的機會教育了。媒體、網民來了又去，企業真正該關注的應該是回歸經營的本質，建立一套完善的管理機制，對於利害關係人負起完全責任。

回到一開頭引述馥蓓自己說的話，這本書真的是一本危機管理祕笈，裡面針對危機管理每一個環節的制度建立和因應措施，不但都有完整的實做建議，還都搭配了經典和時事的企業案例，以及危機當事人的心路歷程，為本書增添了故事性和可讀性。

認識馥蓓多年，無論是接受《經理人月刊》專訪，或是到「經理人商學院」來教授品牌與公關課程，她給

人的印象始終一致：認真備課，扎實應答。在本書中，她展現出一如往常的嚴謹態度，為讀者彙整了最完備的危機管理知識與技能。希望讀者可以跟著書中案例的脈絡和主事者的心境，彷彿嘗試過一次又一次的情境模擬，無形中加強自己的同理心、想像力和應變力。

面對當下危機的時代——
迷惘是必然的，行動是必要的

鄭涵睿／綠藤生機共同創辦人暨執行長

在第一屆 School 28 社會創新人才學校的結業活動上，馥蓓以「迷惘是必然的，行動是必要的」這段話，作為送給學員們的結業祝福；身處在這個「當下危機」時代，我想這段話也非常適合送給可能面對不同狀況的我們。

還記得在創業早期時，很幸運地在不同社會創新的場合，接連遇到了馥蓓，因此擁有了向她介紹綠藤理念的機會。「綠藤在做的事情很有意思，如果你們有什麼品牌與公關上面的問題，可以來問我」，這是綠藤不時

打擾馥蓓的開始。接下來幾乎一年一度，我們都會厚臉皮地向她請教，從關鍵活動的建議、利益關係人的釐清、品牌與企業公關的架構配置，甚至與數百家企業合作、影響數萬名消費者的年度永續活動「綠色生活 21天」之中，都蘊含著馥蓓的智慧。

讀了這本書才發現，許多所習得的精髓，原來都在「危機管理」之中，慢慢可以理解，為什麼馥蓓會說「我一直相信公關最大的價值就是危機管理」、「我花了25 年致力於公關工作，也相信公關正是發揮影響力的核心」，從蒐集議題到判斷議題的「點」、議題五大作法的「線」、到利益關係人議合的「面」，不正是企業發揮影響力的路徑？

《危機解密》是一本異常難得的著作，不只擁有完整的流程架構、還有過去幾年身處台灣的我們所熟悉的

案例：藻礁議題發展、桂冠巧克力湯圓事件、小S國手風波，到日月光廢水議題等，種種的危機之中，無論是馥蓓透過現場的第一手參與，或是以客觀視角的高度解讀，絕對會帶給讀者們滿滿的收穫。

在閱讀的過程中，我嘗試跟隨每一章的練習反思，而許多曾經發生在公司內外部的事件不斷從回憶中湧出，許多曾經發生的危機，形塑了組織現在運作的模式。舉例而言，打開內部通訊軟體的頻道，會看到許多以「壞消息」開頭的貼文，因為我們希望能第一時間掌握組織發生的可能風險。例如我們常說「承認事實，正向動作」，因為只有動作才可以解決問題；這些從痛苦中淬鍊出的學習，其實都出現在本書不同的章節。真的很希望，當初能早一些看到《危機解密》這本著作。

「不要浪費了一場好危機（Never let a good crisis go

to waste）」這是一句來自前英國首相邱吉爾、值得反覆咀嚼的名言。到底，什麼是「浪費一場危機」？什麼又是「好」的危機？在疫情之中，我們慢慢找到了答案，一個好的危機，可以重新確立組織文化；一個好的危機，可以有效凝聚團隊；一個好的危機，可以讓團隊快速成長。

當然，最好的危機管理是不用管理，「危機管理的王道，就是根本不要讓危機發生」，《危機解密》可以幫助我們在面對挑戰時，多一些準備。

目次

Chapter 1

就是現在——
當下危機的時代來臨了

我永遠記得某個農曆年前的除夕下午，在忙完手邊家事之後，正好有個空檔可以運動，於是開心地騎著自行車前往河濱公園。就在半路上，手機突然響起：

　　「總經理，不好意思打擾，我從公關主管手上拿到您的電話。我是某公司的資訊副總，敝姓鄭。兩週前的危機事件，曾經有與妳開過會。」

　　我心中正在納悶，那危機事件不是已經告一段落了，怎麼突然主管打電話來？

　　「我們公司的網路系統有點狀況。我們公關主管已經回娘家了，她請我直接打電話向您請教。在今天下午，我們主要的顧客營運系統疑似遭到網路攻擊。我們是否需要報警？」

　　「網路攻擊？所以公司的營運系統已經當機了？」

　　「沒有當機！消費者還是可以使用。我們是遭遇駭客網路攻擊。這是一種很常見的手法，主要是針對重要的客服網站。攻擊者希望讓我們的網路或系統資源耗盡，使服務暫時中斷或停止。」

「副總，你們過去有遇過類似的狀況嗎？你們都怎麼處理？」

「我們會採取一些做法，降低攻擊對頻寬的影響。另外，我們也會先觀察一下，這樣的攻擊強度、頻率等，是否會越來越強，有沒有需要加強頻寬等。」

「所以你們是有能力處理，那為什麼想要報警？」

「過年正好是我們行業的大旺季，再加上又是公眾服務系統。我們擔心萬一處理不好，最後真正當機了。所以才會想先報警預備一下。」

「副總，我的建議是先採行你剛才所說的做法，再評估後續的狀況。現在如果就報警，這件事情很有可能變成年夜飯的重點新聞，你們公司的名譽也會受到很大的傷害。」

「好，謝謝總經理！我先來處理一下。那我們年假時間保持聯絡！」

後來我安心的度過十天年假，沒有再接到任何客戶的電話。

另一個故事發生在 2018 年全民公投結合地方公職選舉前夕。大家可能還記憶猶新，總共有十個公投案。這不僅是史上最大規模的公投，也是最熱烈的公投。光是與同志婚姻相關的公投就有三個：婚姻限一男一女、同婚用專法，以及同婚入民法。身邊親朋好友紛紛熱烈討論同志公投議題，連市場熟識的菜販也送我一份簡易公投投票傳單，並問我打算怎麼投同婚議題。我笑而不答，並謝謝她。

　　就在投票前一週，一位長輩突然 LINE 我，表示有危機想請我幫忙。我快快和他通了電話，這起事件如下：

　　我是一位很虔誠的基督徒，但工作領域關係，也認識很多同志朋友，而且也是好朋友。就在前天作完禮拜之後，教會朋友以 LINE 分享一段影片。我看了以後很感動，於是很自然地分享同事群組。

　　這當中有一位同事，就在群組傳了一段話，表達「每個人有自己的看法」。在這之後，整個群組一陣靜

默，我也實在不知道該怎麼回覆。

第二天，公司粉絲團留言，表示「這家公司老闆反同，真是說一套做一套」，後續更有大量的留言，開始反同、挺同的兩面論戰。行銷同仁查了一下，發現群組內容，已被截圖分享於 PTT 討論版。

我其實分享的時候沒有想這麼多，單純只是看到影片覺得很不錯。這就與我平時分享好的文章或影片的做法，很自然地沒有什麼不同啊！現在這個原來內部的分享事件，竟然已經牽涉到公司。我應該怎麼處理？

歡迎來到當下危機的時代！

當下，就是現在，任何危機都有可能發生的時刻。

從未有一個時代像今天一樣，隨時隨地都有可能發生危機。每天打開社群平台，可以看到各種不同的意見出現：鄉民吐槽、員工爆料、媒體批評、環團抗議、立委抨擊等，讓企業不得不正視這股當下危機的風潮。

你以為只有企業才會發生，其實個人也有可能發生

類似危機的衝突。你只是分享挺同觀點於臉書，沒想到卻有好友回嗆並 De-friend；作為主管的你，員工於靠北 XX 社團暗指你是「不講理的歐巴桑」；更不用說每到選舉時間，就連家人 LINE 群組，有時也必須要小心立場不同，引發衝突爭吵。

當然，這幾年最大的危機，新冠疫情爆發，讓人們感嘆這個世界「沒有正常，只有無常」。政府、企業、組織、個人必須隨時面對突如其來的疫情爆發狀況，持續以更彈性、敏捷又充滿韌性的方式，動態面對人類歷史上最大的危機。

在我二十五年公關生涯中，從未有一個時刻像現在，覺得危機管理如此的重要。一方面拜社群媒體之賜，我們樂於表達自己的想法，但是我們的同溫層卻越來越厚實，也越來越害怕看到不同於自己的看法。面對這樣的衝突，我們不知所措。

另一方面也發現，危機管理這個課題，似乎不只是企業公關必須具備的能力。在更多的情況，這必須成為所有專業經理人應有的技能。前面談到的資訊副總就是

危機解密
從預防到修復的實戰管理

一個實際的案例。

因此我有了書寫這本書的想法，希望在不涉及客戶機密的前提下，有系統地整理過去經驗，並研究國內外學理案例，結晶危機管理技能。我希望幫助公關專業人士，更快速地掌握危機管理的實戰技巧。我也希望協助專業經理人，在每天管理日常中，培養危機敏感度、協助解決問題與預防危機，並且在危機發生時，成為企業負責人的好幫手。當然，對於這個領域有興趣的人，也可以藉由本書，理解危機管理現場的狀況。

是的，刻不容緩！

危機管理已成為企業人士，現在、馬上、立即必須要修練的功課。

What 危機的定義

從古希臘時代，就有危機的字眼。危機的古希臘文 Crimein 是指「做決定」。

韋氏大字典則從個人與時間角度詮釋危機。從個人角度談危機是指人於身心發生的巨大變化，例如急性病症或發燒的轉捩點，有可能更好或更壞；臨時性發作的疼痛、痛苦或功能失調；或者人生重大的情緒事件或劇烈改變的狀態。從時間角度定義危機則是不穩定或關鍵的時刻，事件即將發生決定性的變化，必須有所決定或採取行動。

　　維基百科對危機的定義則是：

　　危機是指導致或影響個人、群體或整個社會的不穩定和危險情況，有可能是任何事件或時期。危機是人類或環境事務中的負面變化，特別是當突然發生時，幾乎沒有警告。更籠統地說，危機就是測試時間或緊急情況。

　　上述定義雖各有詮釋不同之處，但卻擁有一定程度的共通性：

危機是指臨時、突發、緊急的事件，呈現不穩定的負面危險與變化，並且即將進入關鍵的轉捩點。

從商業世界的角度看危機，資誠全球危機中心詮釋無論是來自企業內部或外部所造成的危機事件，具有三大特質：對整體企業與功能部門造成劇烈影響、打亂正常的業務營運狀況，並且對企業商譽造成損害。

無論哪一種影響，對組織都是大災難，特別是對人、聲譽與利潤的傷害。

Why 為什麼危機無所不在？

根據資誠全球危機中心，針對 43 國、25 個產業、2,084 位企業高階主管的調查，69% 受訪者表示在過去五年內曾經歷至少一次的危機；高達 95% 企業高階主管預期，未來至少會經歷一次危機。

許多高階主管大概都有類似的經驗。半夜十二點多接到來自工廠的通知，表示突然發生火災；一大早公關

同仁告知，媒體想要問昨天 PTT 爆料員工過勞事件是否屬實；來自美國總部的電郵，告訴台灣分公司負責人要結束台灣的據點。

這每一個事件都讓主管腎上腺素飆升、腦袋呈現許多畫面、心情也起起伏伏。這就是危機管理的現場，比起以前任何時候發生的原因更為複雜，速度更快，也更為頻繁。

究竟企業所面對的經營環境產生了哪些變化，讓危機無所不在？我在危機管理現場看到下列幾個現象：

▶ 現象一：資訊無國界，全球就是在地

無遠弗屆的網際網路，讓全球資訊可以即時發生在世界每一個角落，完全沒有時差。今天在美國發生的危機，一段網路影片、一則推特文字，再加上網路媒體即時的報導，很快地就可以延燒至全世界。

2017 年 4 月 9 日，一架從芝加哥飛往路易維爾的聯合航空班機，面臨飛機滿載的情況。由於所有客人都上了飛機，但又必須送聯航 4 名員工至路易維爾，因此

聯航提供自願離席乘客極佳的代金券，和酒店住宿補助。

在持續加碼補助之後，沒有乘客願意離開。於是聯航依照慣例，隨機抽選出 4 名乘客。這當中 69 歲美籍華裔越南人乘客杜成德醫生，稱次日須出診拒絕離席，航班機組便通知機場的芝加哥航空警察上機處理。於是爆發了此起全球知名的危機事件。

在過程中，航警使用暴力拖拽的方式，讓乘客頭部受傷，立即被同機旅客拍下並上傳至網路，引起廣泛的討論與抨擊，吸引超過千萬人次觀看。當然，後續聯合航空處理的不周延，最高主管對內與對外發言的不一致，也讓危機之火越燒越烈。

這起事件彰顯資訊無國界，人人都是危機現場的即時播報員，也看到社群滾動媒體報導之強大力量，讓一則美國的地方新聞變成全球新聞，使得聯合航空的危機擴散蔓延到全球，甚至引發股價下跌、民眾拒搭等後續狀況。

▶ 現象二：利益團體的積極倡議行動

依據內政部統計數字，全台有 5 萬 5 千多個登記有案的人民團體，這當中包括政治類型（如政黨、政治團體）、經濟類型（如漁會、工會等）、社會類型（如綠色和平組織、主婦聯盟、消費者文教基金會等）。

利益團體之所以存在，主要是擁有相同利益的一群人，希望透過有策略、系統與步驟的行動，向政府、社會或企業提出所主張的訴求，以爭取團體及其成員利益，如離岸風電的漁民補貼，或者公眾利益，如抗爭養雞場設立，甚至影響制定公共政策，如藻礁公投。

在共同利益的驅使之下，利益團體固然對社會有正面的影響力，但對企業也造成一定程度的壓力。面對突如其來的抗議行動，倘若企業平常缺乏與利益團體打交道的經驗，不知道如何妥善地對話，或者採取具體的解決方案，極有可能讓議題變危機。最嚴重的狀況有可能引發社會大眾的負面觀感，讓企業的聲譽受損，甚至原定的行動計畫，例如投資、設廠等也無法繼續。

▷ 現象三：民意代表為民喉舌的行動力

台灣民意代表的威力是造成企業危機的重要來源。全台高達 113 位立法委員來自不同黨派、地區或族群選出來的代表。對他們而言，為民喉舌是天經地義的事，也是重要的選民服務項目，更是凸顯自己服務績效，增加曝光，為下一任選舉鋪路的重要行動。

一般而言，這類的服務案件包含企業違法事件、不當管理行為、產品不實廣告、消費者身體、金錢或權益受損等。民代大多會透過受害者或線民提供資訊，請助理進行調查，收集更多案例，再評估是否有放大議題的可能性，進而透過媒體記者會大肆報導。

對企業而言，民代會關心的案件其實通常都是「懸而未決的組織問題或議題」，而且因為選票的緣故，大多會與民眾息息相關。倘若沒有妥善處理，再加上媒體記者的大肆報導，很可能造成單純議題立刻升高為危機層次。於是，大鯨魚（企業）對小蝦米（民眾）的戲碼因此一直不斷地重複上演。

◆ 現象四：社會大眾的公民行動力越來越強

　　長久以來，台灣社會運動有其傳統優良的歷史。從早期政治訴求、司法改革、勞工運動、環保運動、性別平權運動，乃至於食安運動等，台灣大眾的公民行動力越來越強。

　　自 1980 年代以來，太陽花學運算是最大規模的公民行動，這也是當時政府所面對最大的危機事件。這場由大學生發起，再加上公民團體參與的社會運動，以抗議「海峽兩岸服務貿易協議」遭強行通過審查為主要訴求。從 2014 年 3 月 18 日到 4 月 10 日長達 23 天，這群太陽花學運的大學生占領了立法院，甚至一度嘗試占領行政院，持續地以各式各樣的媒體管道，傳達這場社會運動的觀點。

　　若從危機管理的角度來看，在排除政治權力鬥爭等因素，重新檢視當時政府處理的狀況，整個事件不僅缺乏危機管理的負責人，究竟是王金平、江宜樺，還是馬英九？也缺乏與利益關係人對話的系統規劃，而且行政院、立法院各自放話。更缺乏具體的行動，

究竟政府的主張是法案廢除？重審？還是其他可能性？這場危機讓當時的國民黨政府成為最大的輸家，並且造成台灣日後政黨再次輪替。

對企業而言，社會大眾的抗爭不盡然每日發生，但是否能以同理心的角度，在意社會大眾關心的議題，進而尋求對話、影響或解決的方案，實為危機預防的重要工作。

≫ 現象五：自由、競爭又愛爆料的媒體生態

無國界記者組織所發表「2021 世界新聞自由指數」報告，台灣在亞洲名列第二，僅次於韓國，為新聞自由度最高的亞洲國家之一。在自由的新聞環境之下，台灣新聞媒體面對激烈的競爭，誕生了特殊的生態。這當中包括：

- **隨時可見的爆料文化思維**——自壹週刊、蘋果日報登台之後，爆料文化的做法深深地影響台灣平面、網路與電視媒體。所有主流媒體都有爆料專線、網站或電郵等，某些媒體甚至還有獎金鼓勵拍照、拍

片上傳，鼓勵民眾提供素材。在媒體競爭搶獨家的壓力下，查證過程又與時間賽跑，未必周延，負面爆料很容易在當下就成為即時危機。

- **負面批判簡化事實報導**——在面對危機新聞，台灣部分媒體傾向以負面批判、簡化事實、放大爭議、同情弱勢，甚至以連續劇方式進行報導。這讓企業進行危機管理更加棘手，通常需要依賴比較具體的道歉行動才能化解。

- **互相抄襲的記者生存法則**——媒體數位化的浪潮，也讓記者面對龐大的生存壓力。媒體經營者希望條條新聞可以黏住眼球、確保流量，但又不投資足夠的人力。於是，透過網路瀏覽器、行車紀錄器，以及商家監視器的「三器新聞」大行其道，剪貼式的新聞也隨時可見。常常一則負面的新聞報導，就靠這些互相抄襲的媒體生態圈，一傳十，十傳百，甚至嚴重到成為危機連續劇。

現象六：社群媒體的推波助瀾

根據全球知名 We Are Social 和 Hootsuite 2021 年報告統計，全球 53%的人都在用社群，台灣位居全球第三名，僅次於美國、南韓，高達 88.1%人都使用社群媒體。

社群媒體最大的特色在於全民參與，再加上吃到飽的手機上網，台灣鄉民完全可以即時又方便地產生內容，無論是正面或負面。這也成為危機新聞的最佳溫床。

在台灣媒體競爭的推波助瀾之下，當缺少新聞時，鄉民們的抱怨、申訴或爆料，很容易變成一條條的新聞。從爆料公社、爆怨公社、PTT、Dcard、靠北 XX 等各式社群平台，每天都有大量鄉民所產製的內容，被網路媒體或電視媒體採用分享，再透過臉書分享或 LINE 推播，隨後再加上媒體生態圈的助攻，於是產生一齣危機連續劇。

積極的鄉民也會發起運動，抵制、罷買或退貨等行為，讓企業遭受到更大的危機傷害。最知名的案例為頂

新油品事件，初期受到鄉民抵制包括康師傅、味全、布列德、德克士等旗下在台所有品牌。當一審結果獲判無罪時，鄉民甚至號召「秒買秒退」運動，鼓勵大家前往量販店購買味全林鳳營鮮乳，並在購買後立刻拆封退貨，試圖造成味全嚴重虧損。

How 如何預防與面對危機？

當危機如此容易發生，又具有突發、緊急與負面的特性，企業該如預防與面對？

在從事公關顧問期間，我的工作就是協助企業建立與保護（Promote and Protect）聲譽的品牌管家。在太平盛世協助企業建立正面形象，但在出事狀況就必須協助企業保護聲譽，如何度過危機並且重新站起來，進而修復聲譽。

我一直相信公關最大的價值就是危機管理，特別在企業風雨飄搖的時刻，需要一位值得信任又有經驗的夥伴，協助度過重重的難關。然而在危機管理的現場，我

發現企業董事長、總經理等高階主管，經常會有下列的
迷思：

・危機處理就是公關部門把媒體搞定即可。
・我們企業沒有做錯事，為什麼媒體要這樣批評？
・我們請妳來就是搞定媒體，不要負面消息見報。

上述思維窄化危機的影響性，只從應付媒體的技術
層次思考，忽略了從企業經營管理角度思考。事實上，
一個缺乏危機管理文化、系統與技能的企業，面對突如
其來的狀況，其實是無法有效地管理危機，更遑論從危
機中站起來，恢復昔日光采。

因此，企業不應只從公關角度思考危機溝通。企業
應該提高危機管理的層次，從經營策略與管理的思維，
建立危機管理的文化、步驟與系統。這也正是本書所想
要探討的方向：

・**危機演變**：魔鬼藏在細節中。很多危機其實是來自組
織日常的問題、懸而未解的議題，於是讓小事變

大，大事變危機。如何分辨清楚問題、議題與危機？又如何妥善地解決問題或影響議題？

· **危機預防：**危機預防應該是組織文化的一部分。我會探討如何從點、線、面的思維，建構危機管理的觀念、組織通報程序與技能，讓企業能夠有備無患。

· **危機管理：**當危機真正發生時，組織如何以 DISCO 原則快速盤點並發展策略行動？另外，當社群媒體的力量越來越大，如何做好虛實整合的危機溝通？又如何掌握道歉的技術與藝術？

· **危機修復：**當危機終了，組織不應該浪費經驗，而應該把教訓當成案例，更重要的是進行形象修復，才能重新恢復聲譽。

· **變種危機：**有一種危機，組織看似沒有做錯任何事，但因為世代差異、政治立場不同，又或者價值論述不同，而讓組織身陷於輿論的戰場。究竟企業該如何預防並面對變種危機？

　　就讓我們一起進修危機管理現場這門課！

本章練習

1. 上述六大現象所產生的潛在危機，哪一種最有可能發生在你的公司之中？

2. 回想一下，你所在的組織，究竟是從管理或公關角度思考危機？

3. 盤點你所工作的組織，是否具有危機預防、管理與修復的系統？

Chapter 2

魔鬼藏在細節裡——
問題、議題與危機

桃園縣環保局今日對這家位在工業區的化工廠開罰，並且要求限期改善，並且不排除勒令停工。這家廠商於環保局的紀錄不良，其實算是累犯。在過去兩年間，就有六次廢水不符環保規範的裁罰紀錄。

　　就在今年三月期間，這家廠商再次被查獲排放未經處理的廢水，當中所含的化學物質超過管制標準的四倍。雖然廠商一直表示這是異常的施工失誤，並且已經當下進行改善。但是環保局認為情節重大，再度進行開罰，並表示將視業者的改善報告，評估未來是否要正式勒令停工。

改寫自環境資訊中心報導

　　企業大概都有收過環保局罰單的經驗，或曾在媒體看到類似報導。這種非常典型的日常管理問題，企業是否有警覺心，避免變成重大的停工危機？

　　魔鬼發生在日常的細節，問題是危機的火種，議題是危機的火苗，稍微不警覺採取必要之預防管理，就容

易釀成危機火災。

許多危機大多因為忽略管理日常的問題，再加上企業傳統報喜不報憂的文化，於是當不小心有了人為的疏失、政府的處罰，或者客戶抱怨的事件，當事者很容易以「這次是不小心」、「承辦人員故意找麻煩」、「客戶是奧客」，甚至表示「競爭者故意來找碴」等說法，藉以粉飾太平，缺乏追根究柢的精神，反而錯失即時解決問題的黃金時間。

這樣的企業文化會導致日常管理問題越來越嚴重，演變為懸而未決的議題或企業風險，一旦外部利益關係人介入，影響議題走向負面的情境，最後很可能會演變為危機。

如果企業可以透過管理的角度，明確且有效地管理組織內部問題，影響議題的發展，就能有效地避免危機的發生。

究竟什麼是問題、議題、危機？這三者又有什麼樣的特性與差異？

問題是危機的火種──星星之火足以燎原

在危機管理中，問題有如危機的火種，存在於企業每一天的營運過程之中。所謂問題是指企業日常運作所**發生的作業疏失、錯誤或管理不完善，通常較容易找到原因並可獲得解決**。一般而言，問題為企業日常運作的錯誤，大多有清楚的原因，很容易提出解決方案，同時生命週期也較短。

從企業編制的角度來看，研發、生產、行銷、業務、客服、人事、財務、採購等各面向，無論是主管或是員工因為技能不足、缺乏溝通、粗心過失、有意錯誤等原因，都有可能發生問題。例如，研發部門使用別人的技術侵犯專利、生產部門處理廢水過失、促銷方案設計不良導致客訴、主管解雇員工不符合程序、財務帳務出錯等，這些都是企業日常有可能發生的問題，也是一

種錯誤。

面對日常的錯誤，企業當機立斷找到原因，並提出合適的解決方案，才不會讓問題一發不可收拾。**危機管理專家邱強博士也曾在書中提過，企業必須建立零錯誤思維，並定義零錯誤思維就是「達到一個沒有錯誤境界的思考模式」。他更進一步提出四個零錯誤思維：**

1. 只要是人，都可能犯錯。

2. 每一個錯誤都可以預防。

3. 錯誤有不同來源和形式，每種錯誤都有專屬的改進方法。

4. 企業裡的每個人都需要知道養成零錯誤的做事方法，以及建立零錯誤制度的方法。

當企業建立零錯誤的文化，日常問題必然會大幅減少，或即使有錯誤，也會於當下透過正確的分析，找到可以改進的方法，進而避免釀成更大的災害。

議題是危機的火苗──掌握風向，引導走向

　　至於什麼是議題？議題是指引發多方爭議的問題、案例或是事件。議題有可能是懸而未決的問題累積造成，或是潛在經營風險大幅升高，通常需要釐清、界定並影響發展方向，方能找出可行的解決方案。議題通常是一個不斷演變的事件。各方代表會有不同意見，而且會隨時間、狀況而產生改變。因此，議題的生命週期較長。

　　作為公司客服部門的主管，我的部門就是面對各式各樣的抱怨。從以前透過電話到現在以網路電子郵件、社群媒體留言，還會打電話給金管會，有時也會揚言要訴諸媒體。最近有關投資某檔基金慘賠的案子，在這一週之內就已經有二十幾件，當中也有從金管會轉過來的案子，最嚴重的甚至威脅要告訴媒體。

　　上述案例就是典型的議題，就像是危機的火苗，有

可能很快速地燃燒造成危機大火，也有可能即時撲滅，端看企業如何面對與影響發展方向。了解議題的發生原因，有助於掌握關鍵因素，從而採取正確的決策。

· **短時間內問題迅速累積成議題：**例如一天之內，同項商品出現多名消費者客訴；同批次產品遭通路商退貨；多名員工向人資抱怨主管疑似性騷擾等。這類型問題多半是系統性，也就是某個環節出錯或是沒做好。由於時間壓力，問題層次升高為議題，必須當下快速找出可行的解決方案，否則很有可能會演變為危機。

· **找不出原因的事件變成議題：**這類型的問題最為可怕，因為不知道原因，自然也很難有具體的行動方案。更難上加難是這類型的問題好像不定時炸彈，企業很害怕何時會再發生。例如企業持續接到客訴抱怨產品中有異物，卻怎麼也查不出原因。又或者餐廳持續接獲客人腹瀉案例，清查所有環節卻找不出原因等。這些都是必須時時關注的議題，先超前部署採取可能的改善行動，或持續找出關鍵致命

點，才能對症下藥解決。

- **是非對錯尚未有定論的議題**：這類大多屬於纏訟多年的法律官司，特別是企業高階主管的官司、企業與企業之間的官司、企業與政府組織間的官司等。如果法院尚未有定論之前，均屬於懸而未決的議題，有可能因為判決結果而獲勝或敗訴，這時就必須事前進行情境模擬，擬定相關的因應管理行動。

- **利益關係人所促動的議題**：這類型的議題可能來自於網友鄉民的爆料、負面網路口碑的大量累積、非營利組織或民意代表對產業或企業的質疑、競爭者的負面攻擊、供應鏈或合夥夥伴的負面牽連、政府的重大裁罰等。面對這些議題管理的關鍵在於先了解來源，以及事件真實的狀況，然後因應狀況而採取監測、對話、回應、解決等不同的行動，讓議題得以大事化小，小事化無。

　　相較於問題，議題處理的複雜度升高，事件不確定的因素較多、所影響的時間較長、面對的利益關係人也比較多，處理的壓力也比較大。企業必須掌握時效快速

釐清真相、沙盤推演所有可能的情境、發展解決問題的具體行動，再輔以需要溝通的定位與內容，這才可以有備無患。

危機大火爆發──當機立斷，即時撲滅

當火苗一發不可收拾，進入大火延燒的狀況，其實就已面臨危機的階段。危機就是突然之間無法掌控所爆發的問題，並預期對組織運作、公司收益或企業名聲造成重大的影響。

危機通常是已經危及企業運作的事件。利益關係人已經傾向負面觀感，而且幾乎已成定論很難改觀，必須即時採取行動處理。至於危機的生命週期則必須視複雜程度而定，例如社群危機，如果處理得當，也許幾天就消失無蹤。如果是重大災害類的危機，很可能好幾天都必須審慎面對與處理。

至於危機的類型，提出情境式危機溝通理論（Situational Crisis Communication Theor）學者 W.

Timothy Coombs 曾運用集群分析法（cluster analysis），將十三種危機區分為三大危機群（crisis clusters）：

1. **受害者群**（the victim cluster）：危機的發生並非肇因於組織，且組織為危機的受害者。這包括自然災害、謠言、前員工不當行為，以及產品被冒用或竄改等。面對這類型的危機，組織所需負責的程度相對較低，並且對於聲譽傷害也較為有限。

2. **意外事故群**（the accidental cluster）：危機的發生肇因於組織非意圖性的行動。這包括利益關係人對組織不適當行為的挑戰、技術或設備領域的錯誤造成工業意外，以及技術錯誤造成產品傷害，必須回收產品等。面對這類型的危機，組織必須負擔一定程度的責任，對於聲譽傷害較大。

3. **可預防事件群**（the preventable cluster）：這類型危機的發生多半是組織知情卻將人放置於風險中，或者採取不適當的行動，甚至違反法律等。這包括人為因素造成的意外、產品瑕疵下架、組織行為失當違反法律，以及組織行為失當造成對利益關係人的傷

危機解密
從預防到修復的實戰管理

害等。面對這類型的危機，組織必須負擔最大的責任，對於聲譽也會造成最大的傷害。

在危機管理現場，我則會依照危機造成的原因、發生的來源，以及牽涉的對象，分成下列幾種類型：

1. 危機造成的原因——天災 vs. 人禍

天災型的危機是指地震、水災、颱風等，由環境所造成的突然性狀況，例如 921 大地震、莫拉克風災等。針對這類型的危機，有經驗的公司大多會設定一套標準處理程序。人禍型的危機是肇因於人為的疏失，這有可能是來自決策或執行所發生的錯誤，如聯航暴力事件，也有可能是來自外界人士有意或無意對企業造成的傷害，如千面人下毒事件。

2. 危機發生的來源——組織外部 vs. 組織內部

來自組織外部的危機，不外乎是來自政府政策或法律行動、競爭攻擊、股權紛爭、駭客攻擊、合作廠商失誤、民意代表或非營利組織批判行動等。來自組織內部的危機則多半與企業經營、人資、財務、行銷、業務、消費者糾紛等高度關聯。

3. 危機牽涉的對象──個人危機 vs. 組織危機

個人危機大多是指政府、企業或組織高層因為私德、言行、觸法或突然間身故等造成對企業重大影響的危機。組織危機則是泛指企業因為突然間所爆發的單一人為疏失，或是系統性的錯誤，所導致的危機狀況。

危機的分類判斷有助於第一時間處理危機，調查組織發生危機的真正原因，可能需要負起的責任，並且分析所牽涉利益關係人的對象多寡、影響程度、關心狀況等，將可掌握危機事實的狀況，進而發展可能因應的商業行動與溝通行動。

危機 vs. 風險──兩者的差異

近年由於氣候變遷、國際地緣政治、數位科技、消費者意識抬頭等快速發展，造成企業經營壓力越來越大，也讓風險一詞成為政府、組織、企業耳熟能詳的顯學。

根據政府所制定的風險管理及危機處理作業基準，定義風險與危機，以及風險管理與危機管理的意涵：

- **風險（Risk）**：潛在影響組織目標之事件，及其發生之可能性與嚴重程度。
- **危機（Crisis）**：發生威脅到組織重大價值之事件，在處理時具有時間壓力，迫使決策者必須做出決策，該決策可能有重大影響。
- **風險管理（Risk Management）**：為有效管理可能發生事件並降低其不利影響，所執行之步驟與過程。
- **危機處理（Crisis Management）**：為避免或降低危機對組織之傷害，對危機情境維持一種持續性、動態性之監控及管理過程。

風險與危機最主要差異在於時間觀點、演進速度、應對管理方式，以及可能影響。

- **未來威脅 vs.現在傷害**：風險是企業未來有可能受到的威脅，危機則是企業當下受到的傷害。例如氣候

變遷帶動製造業的減碳行動，特別是台灣蘋果供應鏈的代工廠，針對蘋果所要求的減碳配合行動，或許一年內還未必會影響到商機，但如果不採取必要的減碳行動，未來有可能拿不到訂單，這就是一種典型的風險。

- **逐漸演進 vs.當下發生：**風險大多是逐漸演進而來，或至少需要幾個月的時間。危機則是有強大的時間壓力，現在馬上就發生的負面事件。例如新冠疫情就是一種風險，從 2020 年初持續演變，對企業經營管理的影響，從辦公室環境、員工健康管理、生意營收損失、現金流量管理與存貨管理等，都必須依照演進的狀況，進行不同型態的情境模擬與風險管理。

- **策略行動 vs.戰術行動：**風險管理需要從策略角度思考可能的行動，有可能必須要透過長期的行動。危機管理由於發生在當下，所以比較需要戰術行動，立即性的決策，讓傷害減少到最小。例如，地緣政治即是台灣高科技廠商的典型經營風險，業者面臨

必須選擇中美兩大強權之間，如何兼顧避免貿易戰爭而影響到生意，進而必須從策略角度思考長期的投資行動布局。

- **持續管理 vs.階段管理：**企業一旦清楚地定義了風險為何，就必須以持續管理的方式，輔以 PDCA 模式持續修正檢討策略行動。危機管理則會依照階段不同，對應不同的管理，包括預防管理、危機處理、形象恢復三大任務。例如，出口型企業如何管理匯率，這是一種典型的持續性風險管理過程，企業必須隨時監測海外銷售營收，以及不同國家匯率的變動，採取必要的匯率避險等行動。

- **正面效益 vs.負面傷害：**相較於危機都是負面傷害，風險管理做得好，其實可以產生正面效益，幫助企業擺脫風險，另外開創新的局面。這些多半發生在當企業偵測到重大商業風險時，願意積極面對並且有可能開創新的商業模式。許多疫情期間浴火重生的企業，就是典型將風險作為**轉型契機**的最佳示範。

防患未然——危機管理的王道，就是根本不要讓危機發生

從問題、議題到危機，其實存在一定程度的因果關係。特別是來自組織內部的人為危機，常常潛伏在日常的問題之中。如果未能針對原因即時處理，然後又加上外部利益關係人的介入，很容易錯過可影響的時機，逐步發展成議題的狀況。最後如果媒體再推波助瀾，搶先為議題定調，並且擴大議題的聲量，很容易就引發危機。當議題一旦釀成危機，企業就必須採取具體商業行動，必要時輔以道歉，才能讓危機終止。

金融業是受到高度監管的行業，內部控制尤其受到重視，但卻也是國外統計最容易發生舞弊的案子。在過去金管會的裁罰中，理專監守自盜狀況時有所聞，這類案件大多是理專利用與客戶長久以來建立的信任關係，例如取款條預先蓋章、幫忙客戶變更網路銀行密碼等方式，盜用客戶的款項投資，想補回又已經無能為力等。從另外一方面來看，這些案例也是因為內部控制的規定

未被落實，又或者內部稽核未定期查核，所導致的嚴重後果，最後遭致金管會的裁罰！

如果以問題、議題與危機觀點分析類似的案子，其實可以更積極的做法避免危機的發生。這些看似員工舞弊的個人問題，往往也牽涉到業者內控的系統管理問題，甚至延伸到法律責任。因此，業者發現類似事件當下，必須立刻分析與此案相關的利益關係人，如主管機關可能的行動、檢調機關可能的行動、消費者可能的反應，以及媒體可能報導的角度等，通盤設定這類問題衍生為議題，甚至危機的可能性，例如究竟是個人行為還是多人行為，究竟主管有無失職包庇之處等。

在情境分析後，研判有可能進入危機的狀況，業者就必須採取更積極的處理行動。這當中包括主動開除員工、呈報主管機關處理經過、移送員工司法調查，以及補償消費者權益等，都是降低傷害的可行商業決策。當媒體前來詢問時，就可以更為積極的商業行動回應，甚至有可能在裁罰之日就主動讓媒體知道公司的處理經過，以引導議題的走向不至於進入危機的層次。

企業危機處理的基本原則是防患未然，讓問題不要變議題，讓議題被解決，才能預防危機的發生。

　　總結危機處理的王道，就是根本不要讓危機發生。

危機解密
從預防到修復的實戰管理

本章練習

1. 你所在的組織曾經發生過議題？危機？

2. 如果風險管理做得好，是否可以避免危機發生？為什麼？

3. 盤點你所工作的組織，是否具有解決問題或影響議題的機制？做得好不好？

Chapter 3

危機預防篇（1）——
從同島一命到全球共
生，預防點線面

農委會動植物防疫檢疫局日前公告，雲林麥寮已有確診為 H5N5 亞型高病原性禽流感案例。除此之外，彰化縣大城鄉還有 H5N2 也正在蔓延。

　　目前依照標準作業程序，部分養雞場已開始執行雞隻撲殺銷毀作業，並強化督導業者完成場區清潔及消毒工作。

　　事實上，今年到目前為止，台灣已有確診及撲殺禽流感禽場案例高達 29 例，並且全省各地都或有所聞。這很可能是釀成近期雞蛋缺貨的主因，民眾需要特別注意禽流感的狀況。

改寫自媒體報導

　　台灣每年幾乎都有禽流感的發生。類似這樣的新聞，對於從事食品、餐飲、通路等業者，似乎也就見怪不怪，不見得會採取任何積極的行動。

　　倘若從危機預防角度來看，這則新聞是食品相關業者必須關注的議題。畢竟這些養雞場有可能是供應商，或者就算不是，有可能業者的供應商就在附近等潛在感

危機解密
從預防到修復的實戰管理

染禽流感的危機。因此，對於食品相關行業的經營者而言，看到這樣的議題，就必須啟動危機預防的神經系統，從點、線、面的觀點來思考：

點的思考：收集禽流感事實資訊

- 從農委會公告了解，禽流感案例究竟在哪些城市或鄉鎮？哪些養殖場？
- 這次禽流感的類型？嚴重程度？已經延燒多久？持續延燒可能性？
- 這些養殖場是否為供應商？
- 如果是，企業有多少品項會受到影響？是否有其他供應商可支持？
- 如果不是，是否靠近供應商產地？

線的思考：評估禽流感對生意影響程度

- 是否需要請供應商出具「未感染禽流感」證明？
- 公關是否需要準備新聞稿或社群說明，以備不時之需？

· 禽流感對目前產品銷售可能造成潛在影響？

· 是否需要對消費者進行產品安全溝通？

· 是否需要發展促銷方案，以減少生意影響？

面的思考：避免禽流感對企業未來經營風險

· 企業家禽類產品的原物料供應商是否分散——地區、來源、品項？

· 這些供應商飼養家禽類的環境、安全、衛生狀況？

· 這些供應商避免禽流感的因應做法與成效

· 企業可以與供應商合作哪些事項，以避免禽流感的風險？

這個案例展現危機預防來自日常對於議題敏感度、組織動員預防準備，以及從點到面的完整管理架構。

在資訊無國界的時代，企業不僅是同島一命，更是全球共生。任何供應鏈環節出了問題，都可能是企業的

潛在危機。任何競爭者有了危機，也千萬不要心存僥倖，競爭者的危機也可能成為企業的潛在危機。

企業該如何展開危機預防的工作？我建議先從觀念出發，培養員工應有的危機敏感度，並且布建點、線、面的思維與策略。這就好像人類的頭腦與神經系統。然後，企業再以管理角度，分別從組織面、程序面與技能面，打造完整的危機管理系統。這就如同人類的身體與血管系統。唯有結合觀念策略與管理架構，才能真正協助企業建立危機管理的文化。

點的思維──人人要有危機敏感度

從觀念出發，人人都要有危機敏感度。我曾遇到公關主管訴苦，表示最害怕參加危機管理的會議：

每次所有主管都盯著我，就等著有人開口：妳和媒體這麼熟，這條負面新聞是否可以壓下來？我就算再有

能力，媒體不見得會買單，人情也總是要還。這些人都已經是在公司十幾年的主管了，為什麼不能在客訴的第一時間，就有警覺性？

危機管理不是只有公關部門的責任，而是組織中每個人是否可以從自己的工作中，以更敏銳的視角判斷，我所看、所知或所做的事情，對企業的生意與商譽可能產生的潛在負面影響？如果有影響，應該如何通報類似的負面事件？如何避免這樣的負面事件發生？

這就牽涉到企業隱瞞過失的文化。許多台灣企業還是存在報喜不報憂的狀況。特別當員工有所過失，或許還不到巨大損失，但主管通常還是會隱藏不說或是掩蓋事實，深怕自己在大老闆面前留下不好的印象。這讓許多企業負責人處於不真實的正面回饋，無法掌握公司潛在的問題或議題，無法即早偵測並對症下藥。

企業必須建立危機當責的文化，也就是「危機管理人人有責」的觀念，高階主管也要鼓勵員工扮演「烏鴉的角色」。透過教育訓練、案例分享，甚至會議交流等

方式，鼓勵員工看到、知道或聽到對公司不利的負面事件，應該扮演烏鴉的角色，適時地透過向主管報告、部門小組或跨部門會議等溝通管道提出。這其實很類似企業推行的品管概念，每個人看到不好的品質，都可以提出改善的建議。

除了建立人人危機當責的觀念之外，公關部門也必須確實扮演「柯南的角色」，廣泛地收集、監測並判斷議題的狀況，必要時針對議題可採取積極的管理行動，以協助企業負責人可以有系統地掌握並預防危機的發生。

在危機管理實務現場，究竟該如何有效地收集、監測並判斷議題的狀況？三個實務案例可提供企業參考。

▶ 收集議題的方式──業務代表立大功

一般而言，企業收集議題可從政府部門、通路夥伴、媒體記者、非營利組織等，以非正式聊天或對話的方法，研判是否有值得注意的潛在議題。這類似企業情報的收集，當中關鍵在於如何善用資訊超前部署，預防

危機的發生。

　　刮刮樂彩券剛上市時，業務代表從中南部經銷商得知，部分消費者利用方式破解隱藏的兌獎號碼，挑選比較容易中獎的刮刮樂。業務代表第一時間將消息告知總公司，負責人當下判斷這有可能會造成剩下大量無法中獎的產品，經銷商賣不出去，消費者也會質疑產品的公正性。於是當下立刻決定，回收當期發行的刮刮樂。同時重新設計並強化兌獎機制，快速讓產品重新上架，銷售恢復正常。

　　這是非常典型的案例，由於業務代表的議題敏銳度，再加上即時通報，公司決策者能超前部屬，主動讓產品下架，重新修正以恢復銷售與聲譽。

▶ 監測議題的做法——放大負評追根究柢

　　在快速發展的網路世界，運用外界所提供的工具進行社群口碑監測，有助於隨時掌握議題，特別是那些網

路負評，建議企業以追根究柢的精神，從量化與質化的角度，了解輿情的狀況，以超前部署採取行動。

就以最常在網路出現的消費者抱怨文為例，在監測負面議題的第一時間，通常建議先從質化角度，了解為什麼消費者會有抱怨文？特別牽涉到產品瑕疵，建議企業應更在意來源與真實性。企業可以一方面內部查證，產品原料、製造與品管，以及運送等，有無異常狀況，另一方面也了解是否有類似消費者案件，以判斷是系統性問題或是單一個案。

另外從量化的角度，則需了解負面議題在網路口碑或是傳統媒體，是否延燒？以及企業是否考慮要回應？一般而言，如果負面口碑快速成長，企業並沒有犯下任何錯誤時，建議可以透過官方臉書粉絲團釐清資訊內容，或透過網路媒體報導正確資訊，然後再進一步分享於官方臉書粉絲團，讓消費者可以更清楚企業的立場與真實的內容。

知名的法式巧克力甜點創作 Yu Chocolatier 畬室，就曾遇過消費者在 Google 評論留下一顆星評價，批評

有一款「若水」的蛋糕非常難吃，很像正露丸的味道。針對這件事，畬室主廚不但沒有生氣，反而運用自家的臉書禮貌地回應：

前陣子，我們 google 上收到一顆星評價，客人嚐了一款名為《若水》的蛋糕，並評論「真的好難吃，很像正露丸的味道」。我看到非但沒有生氣，反而覺得這位客人味覺形容非常精準。為什麼《若水》裡會有正露丸的味道呢？原因是來自泥煤威士忌。

這位主廚 PO 文清楚地解釋泥煤威士忌的成分與味道，需要逐步累積品飲經驗，才能欣賞當中的美味。同時，稱讚客人所描述的風味是精確的，並且有禮貌地表達客人無法接受是正常的。他也更進一步說明：

風味本是中性，如同任何顏色或音符。重要的是如何將各種風味編織成一個能留下回憶，令人愉悅的體驗。這是我們每天在畬室不斷實踐的事。

危機解密
從預防到修復的實戰管理

從稱讚客人的角度出發，輔以專業的說法，以及經營理念的描述，再搭配蛋糕精緻的照片，反而贏得近3000名粉絲的稱讚、137則留言、276次分享。有為有守的回應，不僅讓負面客訴止血，更轉換議題為相當成功的社群宣傳。

❯ 判斷議題的真假─假訊息的處理方式

隨著 LINE 通訊軟體快速發展，廣為流傳的「假訊息」導致「假議題」也越來越多。特別是這些假訊息很難追蹤來源，而且每隔一段時間又會重複被傳送，也讓企業面臨究竟該怎麼做的兩難抉擇。

面對假議題，企業應該先內部求證。如果確定並非真實的內容，企業可以透過下表四大假訊息查證單位，進行事實求證與內容釐清。同時，企業可在接到假訊息時回傳正確內容，或者甚至可以放在官方臉書澄清。

| 表3-1　假訊息查證單位 |

單位	網站
TFC 台灣事實查核中心	https://tfc-taiwan.org.tw/
Line 訊息查證	https://fact-checker.line.me/
蘭姆酒吐司	https://www.rumtoast.com/
MyGoPen	https://www.mygopen.com

【統一茶裏王】假訊息事件

　　食品界最有名的假訊息案例為統一茶裏王。2014年11月5日，許多人在 LINE 瘋傳這則訊息：「傳檢調目前已在茶裏王龍潭茶廠查封近萬噸的越南茶葉，統一稍晚將宣布回收及下架茶裏王產品，茶裏王貢獻統一營收近 20 億元。」當天，統一的股價應聲跌破 50 元，跌幅一度達 4.47％。由於情節重大，統一立刻出面澄清這是假消息，請民眾停止轉傳。

　　然而，2015 年另一則「變種假訊息」，又透過 LINE 迅速擴散。這次造假功力更上一層樓，還打上了專家名號：「陽明醫院公衛所張武修教授傳給大家的消

息：統一超商宣布重大事件，旗下飲品全都用越南茶葉，含劇毒戴奧辛。」

從 2014、2015 年開始，統一茶裏王的假訊息每年都會上演幾次。為了有效地杜絕議題延燒，統一採取下列具體行動，終於紓解假訊息壓力。

· **行動一：發出澄清聲明，並對造謠者與散布者提告。**
統一正式委託律師事務所發出澄清，表達謠言來源與散布者有法律刑責，不排除提出告訴。

· **行動二：透過衛福部官方網站澄清謠言。**統一也向衛福部反應，並於食安爭議訊息澄清專區，說明謠言錯誤內容。

· **行動三：主動建立產品履歷查詢平台。**統一茶裏王也建立食在安心平台，消費者可以依照口味與製造日期，追溯產品原料與來源。

線的分析──議題管理的五大做法

點的思維重點為建立員工議題敏感度，即時偵測議題，並以快刀斬亂麻方式，管理當下棘手的議題。然而，有些議題複雜度較高，很可能來自高風險產業特性、利益關係人行動、外部環境的劇烈變動等，就必須以線的分析，通盤掌握議題的狀況、引導議題的走向，評估並採取具體的解決行動。

在實務上的做法，企業可以每年運用議題盤點表，了解所面對的潛在議題，規劃管理的優先順序，再以議題管理的五大做法，採取必要的行動。

❯ 年度議題盤點表──依照緊急重要程度對症下藥

對企業而言，議題盤點表可依照緊急性、重要性作為區分。

- **緊急性議題：**在預見未來三個月內都有可能發生、只要有狀況必須即刻處理、單一或是少數的個案狀況。

・**重要性議題：**有可能是全面性或系統性的事件、牽涉較多的利益關係人、對組織形象或業務有一定程度的影響。

　　企業公關部門可透過收集外部資料收集、輿情監測的狀況，以及部門主管訪談，依照企業運作的功能條列議題。然後，企業最高主管與部門主管可透過會議討論形式，以緊急程度的高低與重要程度的高低區分，將年度所需要管理的議題列成四大象限。

　　台北市政府衛生局日前抽檢散裝飲冰品及配料抽驗結果，總共抽驗 180 件。其中 10 件飲冰品經初、複抽結果仍不符衛生標準，分別為十杯、澄糖入室、其實豆製所、珊瑚橘、珍茶道、檸夏、鶴茶樓、清原、春水堂。衛生局指出這次檢驗衛生指標菌，如生菌數、大腸桿菌群及大腸桿菌等，初抽不符規定已通知業者限期改善，複抽結果仍不符規定將依法處分新台幣 3 萬元以上 300 萬元以下罰鍰。

這則新聞其實每年夏天都可以看到。連鎖加盟茶飲業者倘若每年都進行議題盤點，依照產品、銷售、人員、財務、法務、加盟主等分析，可能會遇到的議題如表 3-2，就可以提前採取預防措施。

表 3-2　連鎖茶飲業者年度議題盤點表	
緊急性高／重要性低 ・個別消費者與店面員工糾紛，被媒體或社群大幅轉傳 ・個別店面的臨時警急狀況，淹水、店招傷人、地震火災等被大量社群或媒體報導	**緊急性高／重要性高** ・非營利組織驗出茶成分殘留有害人體物質 ・衛生局驗出大腸桿菌超標 ・大量消費者於飲用後送醫，原因不明
緊急性低／重要性低 ・個別加盟主合約、經營等問題 ・個別消費者社群抱怨留言	**緊急性低／重要性高** ・政府裁罰——原料 ・法律官司——企業與加盟主、企業主個人、其他

在盤點完議題之後，我建議企業可依照本身資源，以及過去經驗，建立管理議題的具體做法。

舉例來說，針對每年夏天衛生局檢驗抽查茶飲的事

情，連鎖加盟茶飲業者除了在夏天來臨前，可以加強宣導食品與環境衛生，也可預做抽查或檢驗，一方面保存合乎標準的紀錄，另一方面也可針對不合規定的加盟主，進行再教育或處理。

另外，業者也可以設計一套衛生局抽查應對與回報的標準作業程序，對加盟主導入教育訓練與執行。如此才能在第一時間掌握狀況，以最快速度回應外界的質疑，讓議題不要再被渲染或擴大。

▶ 議題管理策略——定義、擴大、擁抱、控制、迎戰

在完成議題盤點表之後，企業可從下列五大策略做法，尋找與議題共存，甚至解決議題的方式。

・策略一：定義議題，重新表達論述

當議題剛形成，朝向特定企業或是產業而來，並且不利於企業的處境，但利益關係人並未有既定的印象，也還有機會影響他們的看法。在這種情況下，建議企業可以即早重新定義議題，並且放大有利於企業的單點論

述，展開更積極的溝通。

2019 年綠色和平組織於台灣發表了「臺灣零售通路企業減塑評比報告」，從減塑政策、減量行動、倡議與創新、資訊透明四大面向，分析臺灣主要零售通路在塑膠包裝使用以及減塑行動的表現。這份報告吸引部分媒體的負面報導，並以斗大的「通通不合格」標題，讓多家超商聲譽受到影響。

後續幾家業者展開與綠色和平組織的對話，更積極地採取減塑政策與行動。以全家為例，透過重新定義議題的方式，配合創新的環保行動，首次於 TAIPEI 101 大樓門市推出循環便當。全家以循環容器販賣鮮食，吃完的便當盒由合作廠商收取、清洗，之後再次循環使用，並邀請消費者一起加入改變，推廣重複使用。此一創新做法還獲得綠色和平組織的肯定，後續還被分享至官網宣傳。這就是定義議題，重新表達論述的好做法。

・策略二：控制議題，積極管理共舞

當議題形成，不見得馬上可以解決，甚至有可能長

時間持續下去，但利益關係人大多是中立且非常關心議題的發展。在這種情況下，企業就必須做好管理議題的準備，積極地與之共舞，並且採取即時、頻繁且透明的溝通。

新冠疫情就是屬於這種類型的議題。企業所能做的最高指導原則是確保同事們的健康，避免大規模感染，以減少對業務運作的傷害。因此，許多企業都會從維護聲譽與生意的角度，準備企業永續運作計畫（Business Contingency Plan）。

這當中包括最糟情境的模擬設定，例如員工大規模感染該如何維持正常運作等，包括管理行動與溝通行動。萬一有同事接觸到染疫者，或是同事染疫都必須採取必要的管理行動，以及對利益關係人，如內部員工、客戶、合作夥伴、辦公大樓房東等進行必要的溝通。隨著疫情的升高，企業所採取在家上班、AB 班或彈性上班等任何管理措施，都是控制議題，積極與之共舞的典型做法。

・策略三：擁抱議題，聯盟夥伴行動

許多企業會面對專屬於行業的議題，例如菸商議題在於吸菸對人體的傷害，以及菸草原料對森林樹木的影響；又如汽車業議題在於如何有效地管理每輛車子的碳排量，進而達成各地政府的法規目標等。

面對特定產業議題，企業與其置之不理，不如聯盟行業夥伴一起行動，採取擁抱議題的做法，運用集體的力量一起與利益關係人對話，取得一定程度的理解。

對於電信業者，無論是架設基地台，或是民眾使用手機等，電磁波一直是困擾的議題。每隔一陣子似乎就會出現電磁波對人體造成的傷害、電磁波致癌等研究報導，讓電信業者很容易成為眾矢之的。

事實上，很多電器產品都有電磁波，例如吹風機的電磁波，很可能比手機或基地台還高。為了有效管理電磁波議題，台灣電信業者與主管機關 NCC 組成台灣電信產業發展協會，並透過基地台工作小組，進行基地台電磁波觀念之宣導溝通，也建立網站與 FAQ，並提供電磁波量測宣導專線，受理民眾諮詢與實際量測，以降

低民眾對基地台電磁波的健康安全疑慮。

這就是最好的管理議題方式。透過擁抱議題的方式，在平常就建立一套系統，讓人們有疑慮隨時就可以接觸正確的資訊，也提供必要的實際量測行動，而不是等到抗議群眾集結，才急忙面對面溝通。

‧策略四：擴大議題，淡化既定印象

當議題的負面效應已經擴散，利益關係人既定印象已經形成，很難改變其成見。企業可以試著擴大議題的範疇，尋求與利益關係人可能的交集目標或共識，進行我方的論述，以淡化既定印象，並有助於降低對形象的傷害。

桃園中油第三天然氣接收站興建議題（簡稱三接），最後演變為大家所熟知的桃園藻礁公投，就是屬於這類的議題事件。從 2015 年經濟部確認委託中油於桃園觀塘工業區，規劃建置第三座天然氣接收站，到 2021 年 3 月初珍愛藻礁公投收到逾 36 萬份連署書，確定跨過安全門檻。

這當中所牽涉的利益關係人包括學者、專家、環保人士、民代、居民、反對黨等，對於政府積極推動「三接專案」，普遍存在「經濟 vs. 環境對抗」的印象，質疑政府為了經濟不要環保，還認為與長期推動的能源政策有所牴觸。

於是在 2021 年 3 月初公投跨過安全門檻之後，政府嘗試以擴大議題的手法，重新尋求與利益關係人可能的交集目標，表達「藻礁與三接，不是經濟與環境的對抗、是保育與減媒減空汙的權衡、是環境與環境的選擇與對話」。

後來政府更嘗試以「顧電更護藻礁」為主題，試圖平衡利益關係人之間的爭議，以淡化既定印象，試圖降低對形象的傷害。雖然出手的時間稍晚，但至少透過擴大議題的手法，嘗試告訴民眾——我們是在同一陣線。

・策略五：迎戰議題，自闢戰場論述

最後一種做法為當企業具有可信服的理由、事實與證據，卻還是遇到利益關係人誤解或毀謗，企業可以選

擇直接迎戰議題，以具體的商業行動，自闢戰場論述。

味全林鳳營鮮乳就是一個典型的案例。當滅頂行動之後，人們因情感理由抵制林鳳營鮮乳，生意與聲譽一落千丈。事實上，這款牛奶品質並沒有任何問題，只是消費者信任出了狀況。於是，味全採取積極的商業行動，並透過持續性的溝通，自闢戰場論述產品安全無虞。這當中包括：

- **行動一：全產品溯源。**投入「全產品溯源」，並推出台灣第一瓶透明鮮乳，消費者只要透過 QR Code 掃碼，就可以完整知道林鳳營鮮乳的乳源、產製流程、以及 1,024 項檢驗資訊，讓消費者得以安心。

- **行動二：配方簡單化。**引進國際 Clean Label「簡單配方」，透過減少不必要的人工添加物，降低複合性材料監管的風險。例如林鳳營優酪乳只用優質乳源、專業菌種和水三種成分。

- **行動三：品質與國際接軌。**積極參與全球食品安全協會所認可，美國食品行銷協會所監管的國際 SQF 認證，並且分別於高雄、斗六、台中三個工廠，獲得

Level 2 食品安全管理、Level 3 全程品質安全管理體系等認證。

面的策略──利益關係人議合

對企業而言，點的做法在於快速反應與管理議題。線的做法重點在於依照不同的狀況，對應不同的策略，以隨時隨地與議題共舞。面的策略則是企業以長期且系統的方式，找出潛在議題，並透過利益關係人議合（Stakeholder Engagement），持續預防危機發生，進行聲譽管理。

▶ What──利益關係人議合觀念

利益關係人理論（Stakeholder theory）是 1984 年學者 R. Edward Freeman 所提出，從組織管理與商業道德角度，探討妥善地結合利益關係人與企業管理，進而為組織發展永續經營的策略。他的論述對於企業策略管理有相當深遠的影響。他認為：

危機解密
從預防到修復的實戰管理

21 世紀是利益關係人的世紀。高階主管的任務是在不訴諸取捨的情況下，盡可能為利益關係人創造更多的價值。偉大的公司之所以能夠堅持下去，是因為他們管理並促使利益關係人的利益，朝著同一方向前進。

從這個想法出發，利益關係人議合最直白的詮釋：知道誰是利益關係人、了解他們的想法，並且透過最合適的方式與他們對話、交流或合作。

至於利益關係人議合行動最大的效益為掌握真實的內外經營資訊，判斷可能的機會與風險，進而協助高階主管制定並修正合乎永續經營的商業決策。這當中包括協助企業迴避風險，也就是針對利益關係人所關心或倡議的特定議題即早部署與管理。換言之，企業可從更全面的角度進行危機預防。另外，企業也可以掌握潛在商業機會，透過與利益關係人合作的形式，發展有助於企業聲譽與生意的做法。

每次公司從海外派來一位新的總經理，我都會建議公司應該更有系統的經營利益關係人。這些新的總經理多半都會說好好好，然後沒有資源，也沒有下文。通常要等到有立委接到民眾的客訴陳情案，或者有非營利組織質疑公司進口產品的成分，總經理才會說，我們有沒有關係。這時候都已經太晚了。而這些總經理的任期很快的到了，我就必須周而復始地再提一次……

　　很可惜地，在實務現場，許多企業 CEO 不重視利益關係人議合，並將之視為企業公關部門的責任，或者企業社會責任報告書的項目。隨著 ESG（Environment、Social、Governance）議題迅速發展，利益關係人議合成為重要的策略管理工具，值得企業 CEO 投入更多的資源與心力。當然，執行上或許是企業公關與跨部門的工作，但 CEO 們必須對策略定錨，並且因應外界環境變遷，每年討論與修正。

▶ How——如何展開利益關係人議合？

有關利益關係人議合的做法，企業可依據全球報告倡議組織（Global Reporting Initiative）所推動的 GRI 標準，分別從環境、社會與公司治理三大層面，鑑別可能的利益關係人與需關注的重大議題，並以量化調查與質化分析，進一步繪製重大性矩陣（如圖 3-1，台積電重大議題矩陣）。同時，針對關注度高、營運衝擊程度高的重大議題，發展利益關係人議合策略與行動計畫。

| 圖 3-1　台積電重大議題矩陣 |

至於利益關係人這麼多，企業該如何發展一套完整的議合策略與行動？英國政府曾發展一套工具，進行利益關係人盤點與分類，並且發展管理行動。這當中最具價值的部分即是將利益關係人依照影響力、興趣度分成四大象限，以發展不同的議合策略與溝通方式（如表3-3）。

| 表 3-3 　利益關係人議合策略與溝通方式 |

興趣 影響力	利益關係人 興趣度高	利益關係人 興趣度低
利益關係人 影響力高	策略：主動影響並密切合作。 方式： ・共同規劃、合作溝通計畫與媒體活動等 ・共同簽署合作備忘錄或協議等 ・發展合作研究、執行專案等	策略：維持滿意。確保知道、了解並支持，但不能讓他們覺得被打擾或厭煩。 方式： ・開放研討會或論壇互動 ・諮詢委員群 ・使用狀況資詢 ・非正式聊天群

興趣 影響力	利益關係人 興趣度高	利益關係人 興趣度低
利益關係人 影響力低	策略：諮詢請益。讓他們的意見被聽到，並適時地知會他們——這些人如果能參與專案，很有可能成為品牌大使。 方式： ・焦點訪談團體 ・維持定期拜訪 ・針對專案請益 ・特定任務小組	策略：保持知會。企業或許不需要花費太多時間，但至少要讓他們知道企業的動態與狀況。 方式： ・電郵刊物 ・網站、臉書 ・電子郵件 ・媒體報導 ・演講

　　舉例來說，對酒商而言，消費者喝酒過量而導致對身體或車禍等傷害，是非常難解的潛在議題。為了有效管理這個議題，知名酒商帝亞吉歐在全球結合利益關係人，積極地推廣「理性飲酒」（Responsible Drinking）。

　　該品牌邀請知名人士，例如具有高影響力的 F1 賽車手擔任大使，身體力行宣導理性飲酒，並在世界各地與具影響力且興趣度高的政府組織或非營利組織一起合作推廣。同時，帝亞吉歐也成立 DRINKiQ 網站，針對

教師、家長、執法者、零售商以及消費者等不同對象，提供落實「理性飲酒」的指南以及範例，以提高飲酒的理性「IQ」。這就是因應不同利益關係人，運用不同的方式進行議合的最佳案例。

本章練習

1. 你所在的組織是否每個人都有危機敏感度？

2. 針對組織目前面對的棘手議題，你會採取哪一種議題管理模式——定義、擴大、擁抱、控制、迎戰？

3. 如何運用本章所提的利益關係人議合概念與工具，為企業發展一套計畫？

Chapter 4

危機預防篇（II）——
有備無患，危機管理程
序、組織與技能

星期五晚上，某健康食品公司行銷總監安妮接到業務主管來電，表示有一起嚴重的客訴，很可能會被電視媒體報導。這個案件發生在南部藥房通路，藥師老闆表示有位老客人前幾天買了一箱保健品回家，發現當中幾瓶呈現偏黃液體，其他幾瓶則是正常透明。老客人一直是愛用者，每天至少飲用一瓶養身，擔憂有品質問題，也不願意退換貨，希望原廠查明說清楚。

　　業務代表與藥房老闆電話聯絡幾次，沒有清楚的說法。在耽誤了好幾天後，老客人越想越擔心，對藥房老闆表達原廠若無法清楚說明原因，就會告訴熟識的電視台朋友，踢爆該產品有問題，業務主管這才驚覺必須對總公司通報。

　　行銷總監掛斷電話一時不知如何是好。畢竟過去類似的案件，都是仰賴資深公關主管，但是她上個月才離職，新任主管又尚未報到。安妮開始思考：究竟產品是否真有問題？是否該打電話給工廠？又該如何與老客人溝通？

　　　　　　　　危機管理現場經驗編寫

這個案例看似為不明原因的單一客訴議題，卻有可能是整批產品原物料問題，導致系統性危機，並凸顯組織預防危機的能力不足。這當中包括：

- **技能面：**業務代表與業務主管對議題的警覺性、公關離職危機處理能力產生缺口，以及行銷總監缺乏危機處理的能力。

- **程序面：**公司的標準危機管理流程？哪些類型的案子必須通報？通報之後的查證程序與做法？

- **組織面：**公司需要參與處理該議題的部門？是否需要成立調查小組？甚至危機管理小組？

　　在危機管理現場，許多企業都是依靠少數幾個人，如資深公關、高階主管等處理危機。人的經驗的確有助於面對警急狀況，臨危不亂，找出可行的解決方案。但是單單倚靠人，缺乏系統、程序與技能，企業是無法長期面對隨時降臨的危機。畢竟資深人員不可能永遠存在，複雜的危機也沒有辦法只靠幾個人。因此，企業必須將「個人危機管理的技能」轉換成「組織危機管理的技能」，建立危機管理的文化，才能有效地預防、管理

與修復危機。

在危機管理預防的領域，如何建立完整的企業危機管理系統為關鍵的任務。無論本土、外商、大公司或中小型企業，應該在危機預防階段就先建置完備，並且每年定期進行模擬演練，才能培養組織的實力。

一套完整的危機管理系統應該具備三大面向：危機管理流程、危機管理組織，以及危機管理技能。

危機管理流程

危機管理流程的功用為建立危機資訊傳達、管理與決策，以及紀錄結案的標準程序。這是一種 PDCA 專案管理模式，有系統地協助企業收集資訊、決策與執行。外商大多會有一套全球的危機管理流程，製作成手冊布達至各分公司。台灣上市公司則會制訂緊急事件處理辦法，以作為危機管理流程的準備依據。

至於完整的危機管理流程包括偵測、通報、管理與

結案四大步驟。下面將分別以 B to C 餐飲、通路與手搖飲等連鎖加盟產業，或 B to B 化學、高科技等製造業為例，說明每個步驟的任務、重點工作與管理機制。

▶ 第一步驟：危機偵測

危機偵測任務在於建立組織日常作業中，偵測潛在議題的機制，以即時通報相關主管。因此，企業可依照組織平常的部門運作，對於情資收集分工合作，並且有系統地在日常報告、部門會議或跨部門會議分享。

那天有一位同事跑來找我，表示聽經銷商說衛福部抽驗一批加工食品，發現裡面有一些很奇怪的成分，也不知道是否會公布。雖然不會致命，但消費者知道必定會害怕，也一定會影響銷售。這家食品公司正好與我們有合作，而且也算暢銷的品項。我們是否應該先觀望一下？還是現在就要啟動危機處理？

這就是危機管理現場的典型案例，企業第一線的員

工收集到情資，但不知是否該啟動危機處理。這當中最難的部分就在於判斷究竟什麼是「有可能導致危機的情報」？畢竟過多的資訊浪費大家的時間，也會讓組織過於緊張而疲於奔命。在實務現場，需要各部門透過資訊分享、討論與學習的過程，鍛鍊危機情報力。

整體而言，各種產業或許有所差異，但仍可從三大角度判斷有可能變成危機的議題類型：

· **角度一**：對企業商譽或生意有可能產生重大影響，例如千面人下毒事件、工廠發生火災等。

· **角度二**：政府、媒體、第三單位已公開事件，對利益關係人產生系統性負面影響，例如含高達 22 顆方糖的手搖飲調查報告、社群媒體分享工廠產線資訊管理系統中毒。

· **角度三**：政府、媒體、第三單位尚未公開事件，但有可能對利益關係人產生單一或系統性負面影響，例如政府消保單位規劃的餐飲抽查、工廠發生人員因故死亡案件等。

第二步驟：危機通報

　　危機通報的任務為針對重要且緊急的議題事件，進行即時通報，並且判斷啟動危機管理小組的必要性。從 Why、Who、What 危機通報的判斷依據、誰應該是啟動危機管理小組的決策者，以及危機事件的通報內容，執行危機通報的任務。

‧ **Why** 危機通報的判斷依據。前面段落提到判斷重大議題演變為危機的三大角度，這可以作為危機通報的分級依據，另外再加上緊急性——倘若不即時處理，有可能造成嚴重傷害。**組織成員可依據重大性與緊急性的雙重標準，通報部門主管，再通報企業啟動危機小組的決策者。**

‧ **Who** 啟動危機小組的決策者。若是大型組織，建議以危機事件當責部門主管、公關主管作成建議，呈報總經理進行決策，啟動危機管理小組。若是中小型或是較為扁平的組織，建議以總經理、當責部門主管、公關主管三人直接討論決策即可。當責部門參與決策的思考為評估危機的影響性、即時研擬管

理行動方案，以及日後作為危機小組召集人。公關主管參與決策則在於評估對企業聲譽造成的影響，並即時研擬溝通行動方案。

· **What** 危機事件的通報內容。企業可發展一份簡明危機事件通報表單，可依照人、事、時、地、物架構，掌握最基本的事實資訊。

—發生什麼事情——事件描述經過

—發生時間、地點與相關的人員

—目前現場已經進行的處理

—對於人員影響與傷害——如消費者、員工、夥伴等生命、健康或安全

—對於物品影響與傷害——公司、工廠、商店、產品等

若以 B to B 高科技廠商或化學公司為例，當工廠發生不明原因的爆炸事件，現場人員除了立即疏散人員、報警滅火之外，廠長必須即時通報製造副總，並連同總經理、公關主管共同決策，隨即啟動危機管理小組，協助廠長盡速處理現場，也必須準備必要的溝通行動。

那天工廠發生了小火災，就在火勢剛剛撲滅，我正忙於應付警察與消防單位的調查訊問時，手機 LINE 不斷進來新的訊息。最後手機鈴聲響起，我一面向調查人員抱歉，接起來便聽到執行長劈頭就罵：「陳廠長，工廠火災怎麼沒有通報？董事長一直在問！」忙完調查之後，手機近百通訊息都在問火災，e-mail 也有三十幾封要求交報告，我還必須趕快復工，我怎麼做得完這麼多事？

　　這就是危機管理現場的真實狀況！廠長通常忙於災害處理，沒有時間將資訊通報給利益關係人。因此，企業進行工廠的危機管理小組編制時，建議指定廠長以外的二把手或是其他主管，作為危機事件的通報者，協助提供正確的危機資訊，特別是通報組織內部重要的關係人。

　　為什麼第一時間要即時通報正確資訊？危機管理最害怕的是資訊落差，讓企業無法掌握全貌評估危機的嚴

重性，另外也容易造成利益關係人的錯誤印象。所以建立危機通報系統時，企業必須謹記切勿將所有的角色與責任都放在處理者身上，務必設計通報者的角色，讓這兩個人可以分工合作。

▶ 第三步驟：危機管理

在危機通報之後，當決策者判定必須啟動危機管理小組，就立即進入危機管理運作。此時必須將危機視為企業最重大且緊急的專案，立刻召開危機管理會議，釐清事實、分析狀況、制定決策，並且採取行動，以期解決危機，恢復正常運作。

這個階段的重點工作，企業可充分運用 PDCA（Plan、Do、Check & Action）思維，一方面可有效地管理龐雜的危機資訊，並且迅速做成決策、執行並即時修正。

▶ Plan—危機管理會議召開與決策規劃。

危機管理會議必須由企業當責單位的負責人，例如

危機解密
從預防到修復的實戰管理

工安類由廠長、食安類由品保等，重大跨部門危機則由總經理或執行副總擔任召集人。其他小組成員則依企業正常分工，例如公關、法務、人事、財務等，有可能與危機高度相關的部門參與。

接到公關主管電話表示公司有危機狀況，王副總內心感到忐忑不安。由於總經理正好出國，他是職務代理人，必須趕快進公司與同仁開會，了解警方正在偵查的 ATM 盜領案件。王副總的背景是行政管理專長，其實過往並沒有太多參加危機處理會議的經驗，更不知道該如何主持這樣的會議。所幸自己二十多年的工作經驗，還算有點常識，想想或許可以先從了解現況開始吧！

危機管理關鍵在於第一次危機管理會議，如何收集對的情報並形成決策。在實務現場許多主管不見得參與過危機事件，不見得知道如何主持類似會議，建議可以從危機現況分析、商業決策討論、溝通決策討論、未來影響討論四大議程作為基礎。

企業可參考表 4-1 危機會議議程，規劃詳細的討論題綱，並編列至危機管理手冊中，將可協助高階主管有系統地掌握危機資訊與決策。

| 表 4-1　危機會議議程 |

議程	討論內容
危機現狀分析	·發生什麼事情？（人、事、時、地、物） ·目前已經採取的行動？ ·企業受影響狀況？ 　✓人身安全 　✓現場運作 　✓法律影響 　✓財務影響 　✓其他影響 ·利益關係人理解狀況？（知情、反應、行動） 　✓政府 　✓媒體與社群 　✓商業夥伴（通路、供應商、金融機構等） 　✓立委或民代 　✓非營利組織 　✓其他
商業決策討論	·現有行動──目前已經採取行動的成效 ·額外行動──可以解決危機的商業行動或是讓利益關係人觀感較好的行動 ·預防行動──當危機惡化需要採取的預防商業行動

議程	討論內容
溝通決策 討論	·溝通對象——依照上述利益關係人進行盤點 ·溝通定位與訊息 ·溝通策略——主動或被動 ·溝通管道
未來影響 討論	·危機未來情境模擬——最好、最糟、最有可能 ·超前部屬的商業行動 ·形象修復的準備工作

▶ Do—商業與溝通行動，雙管齊下執行

依據危機管理會議的決策，企業可以日常分工執行商業行動與溝通行動。在執行的過程中，召集人必須隨時掌握危機現場的狀況。因此，在緊急危機事件中，召集人除了可透過類似 LINE 通訊軟體的即時回報、每天晚上以 email 摘要進度，也可以每天啟動危機管理會議，了解商業行動的執行進展、困難與障礙、需要額外投入的資源與行動等。至於在溝通行動上，召集人則需要以即時的社群與媒體監看，了解利益關係人的輿情現況，以評估對商譽的影響。

ABC 食品道歉記者會之後，業務主管馬上接到最大通路超市打電話抱怨：「雖然你們之前有打過招呼，表示產品要下架，但總先來商量一些配套做法吧！你們這個記者會的訊息一發出去，我們電話接不完，還有很多消費者馬上跑來退費。我們哪有倉庫空間放退貨？更何況我們貨架上還有滿滿你們家的產品，趕快派業務來幫忙，看看怎麼處理！」

　　的確，在危機管理現場，企業必須特別注意商業與溝通行動執行的先後順序。對於 B to C 企業而言，商業行動，例如產品下架，必須先行規劃好下架的標準作業，甚至還必須備好物流倉儲等做法，再展開對通路夥伴與消費者的溝通，才不至於一問三不知。

　　至於 B to B 企業則標準作業行動都非常迅速，但常常忘了準備溝通行動，也就是一份標準的聲明稿，才不會發生記者一問三不知的狀況。這些都是在危機決策必須注意的執行細節。

◈ Check and Action──危機決策修正與追蹤

對於情節重大、狀況複雜的危機，每天都可能有新的進展，危機持續延燒，就如同連續劇。因此，召集人必須有動態調整決策的心理準備，並且隨時報告企業負責人，讓危機決策行動，更貼近危機現場的狀況。

另外追蹤資訊時，企業必須事先準備好清晰的危機管理動態報告，讓企業負責人、召集人、危機管理小組成員，避免發生資訊不對稱的狀況。這當中可以摘要格式，包含商業與溝通決策結論、執行成果描述、利益關係人狀況摘要、量化商業指標狀況（例如出貨、銷售、生產等）、量化溝通指標狀況（例如媒體報導數量、社群輿論數量等）。

在危機管理現場，連續劇式的危機最需要管理動態資訊，協助企業高階主管依照戰情判斷，隨時修正決策。若以 B to C 消費產品為例，當宣布產品下架的第一時間，建議危機管理小組每天早晚各以 15～20 分鐘快速會議，檢視產品退貨、換貨與銷售的影響、通路夥伴的抱怨與反應、消費者線上或電話客服的數量與異常

狀況、政府與非營利組織，例如消基會的反應，以及媒體與社群的輿論等。高階主管可依此作為評估，每日修正執行決策。

❯ 第四部步驟：危機結案

如果危機是一個專案，那專案結束的時間點應該在什麼時候？在危機管理現場的判定，大多會以社群與媒體報導恢復企業日常的狀況為準。換言之，輿論不再積極追逐事件，後續只會有零星的報導。此時就可以開始停止危機管理小組的運作，回歸企業正常作業，並且著手準備品牌修復行動與危機結案報告。

那天董事長突然找我，表示想舉辦危機管理訓練。於是我就先做一些準備，與總經理商量，希望將公司曾發生過的危機，整理成案例討論。總經理是很有經驗也很好的人，手上處理過公司大大小小的危機。這些都是很寶貴的經驗，但公司並沒有存留任何相關文件或案例。他的年紀已經 64 歲了，倘若他馬上退休，我還真

不知道公司還有誰可以像他一樣，這麼有智慧可以面對危機。

在危機管理現場，看到太多企業經驗累積在個人身上，或者類似的錯誤重複發生，浪費危機最寶貴的一堂課。企業其實可以善用結案報告，化個人智慧經驗為組織系統思維。一份完整的危機結案報告可參考表 4-2 格式。

| 表 4-2　危機結案報告 |

大綱	內容
事件描述	・事件發生的原因？ ・事件經過的描述？（人、事、時、地、物） ・第一時間的處理？
處理程序	・第一次危機管理會議的決策與行動 ・後續修正的決策與行動 ・執行成果——商業決策與溝通決策
值得借鏡	・偵測部分 ・通報部分 ・管理部分——商業決策與溝通決策

大綱	內容
未來改善	・偵測部分 ・通報部分 ・管理部分——商業決策與溝通決策

　　總結危機通報流程於表 4-3，可作為企業發展危機管理步驟的參考依據，並且因應產業型態、組織架構、管理機制、過去經驗等，發展合適的表單工具，以及危機管理手冊。更重要的是，透過公司的高階主管會議導入危機預防的觀念與程序，逐步建立危機管理的文化。

　　在實務界，上市公司大多會有一套危機管理辦法，或是環安衛緊急事件處理辦法。外商公司則會有總部所導入的危機管理手冊。無論上述那一種工具，都建議要化繁為簡且因地制宜。最好是用 A4 紙張就可以說明清楚程序，再附管理表格，讓主管可以隨時使用。

表 4-3　危機管理流程

步驟	任務	重點工作與管理機制
危機偵測	在組織日常作業中，偵測潛在的議題，以即時通報相關主管。	**重點工作** · 情資收集分工共有 · 關鍵情資判斷依據 **管理機制** · 日常報告機制 · 部門會議 · 跨部門會議
危機通報	針對重要且緊急的議題事件進行即時通報，並且判斷啟動危機管理小組的必要性	**重點工作** · 危機分級與判定 · 啟動危機小組的決策 **管理機制** · 危機事件通報程序 · 危機事件通報內容表單
危機管理	啟動危機管理小組，分析、討論並決策，以解決危機，恢復正常運作	**重點工作** · 分析現狀、討論與執行決策 · 商業決策與溝通決策 · 危機管理小組的分工合作 **管理機制** · 危機管理小組的成員 · 危機管理會議的議程 · 危機事件資訊彙整表單 · 危機事件溝通內容與分工表單

步驟	任務	重點工作與管理機制
危機結案	紀錄危機事件處理經過，以作為日後組織參考依據	重點工作 ·彙整危機管理過程相關資訊 ·紀錄、分享與檢討改進之處 管理機制 ·危機事件結案報告

危機管理小組

當企業完成危機管理流程之後，就可以展開組織的規劃，也就是危機管理小組的編制。企業可從 Who、How、What 三個角度思考。

▶ Who 誰應該參與危機管理小組

典型的危機管理小組包含小組召集人、專案管理人、當然成員，如表 4-4 所描述。在組成團隊時，召集人可視危機事件的性質，選擇當然成員參與，並不見得人越多越好，特別在一些危機案件尚未曝光之前的準備工作。例如，公司要進行裁員，在事前準備的階段，很

可能是總經理、人資主管、公關主管、法務主管與財務主管參與即可。

| 表 4-4　危機管理小組 |

成員	主要職責	誰來擔任
小組召集人	・帶領危機管理小組即時收集資訊、研判危機發展、建立管理共識、制定決策行動，並追蹤處理結果。 ・隨時回報企業負責人（如董事長、執行長或總經理）危機管理狀況，並取得企業負責人的資源與決策支持。	・總經理或執行副總 ・當責單位主管
專案管理人	・協助召集人即時收集資訊、研判危機發展、建立處理共識、制定決策行動，並追蹤處理結果。 ・與危機管理小組成員進行即時溝通與資訊整合，透過危機會議記錄與危機管理動態報告，維持團隊決策執行與運作，並提供給召集人與企業負責人掌握狀況。	・總經理特助或執行副總特助 ・召集人指定合適人選 ・當責單位副主管

成員	主要職責	誰來擔任
當然成員	·與主要利益關係人，如媒體、政府、通路、客戶等溝通的負責部門 ·與危機事件有直接相關責任與角色的組織成員 ·參與危機管理小組會議，提供所需資訊，討論並建議可行的商業決策與溝通決策 ·執行危機事件的商業決策與溝通決策 ·回報與建議修正危機事件的商業決策與溝通決策	當然參加成員 ·行銷或公關部門 ·法務部門 視當責狀況參加 ·製造部門 ·業務部門 ·人資部門 ·資訊部門 ·財務部門 ·研發部門

＞ How 危機管理小組的運作

在連續七天危機處理中，陳執行長總是每天早上8：00 先與 War Team 團隊開會，一方面了解媒體輿論的狀況，另一方面也了解通路與消費者的反應，然後依據同仁們的建議決策。在這次會議結束前，他分享一段感性的談話。

這幾天大家辛苦了！這是公司最嚴重的一次危機，也是對團隊最大的一次考驗。這考驗我們的價值，是否

與消費者站在一起；考驗我們的態度，是否願意謙卑、誠懇不諉過；更考驗我們的行為，是否夠敏捷、靈活且實在。謝謝大家願意團結一起面對這次的難關，也幫我謝謝你的家人。由於他們的體諒與支持，大家才能沒日沒夜的加班。謝謝你們，也代我謝謝你們的爸媽、公婆、先生、太太與孩子。

危機管理小組的運作需要仰賴靈魂人物——召集人。好的召集人必須展現公司核心價值。冷靜理性地領導團隊，客觀分析龐雜的資訊，邀請小組成員貢獻智慧、經驗與建議，進而形成共識發展有利於公司，但不傷害利益關係人的決策行動。

召集人也必須具備同理心。尤其牽涉到有人員傷亡的危機案件，能否從當事者的觀點思考，同理他們的擔心、害怕、憂傷與難過。這對於利益關係人的觀感，有著決定性的影響。

另外，召集人的領導韌性，也就是抗壓力，能否挺住排山倒海的負面批評，同樣非常重要。在危機管理現

場，召集人若落入情緒化的自哀自怨，抱怨外界都不理解企業的為難之處，或者不肯原諒企業所犯的錯誤，不僅無濟於事，更無法解決問題。

企業建立危機管理小組經常會忽略專案管理人的角色。在危機管理現場，召集人必須面對的龐大資訊、複雜溝通，以及決策壓力，往往有可能忽略事件細節。**此時專案管理人的角色就非常重要，可以協助整合資訊、追蹤執行，並且提醒關鍵細節。**

對於大型企業而言，當責部門的副主管或資深員工，只要專案管理能力強、善於語言與文字溝通，並且平日是使命必達型的員工，都很適合擔任這個角色。中小型企業或許資源較為缺乏，則可以考慮企業負責人的特助或資深秘書，或者公關人員兼任，均可以發揮效果。

❯ What 組織規模型態 vs. 危機管理小組

危機管理小組會因為企業組織規模型態而有人員、編制與運作的差異，企業可納入設計準備的考量。

- **外商公司：**大多有一套全球遵循的管理小組、通報流程與原則。因此危機管理小組的運作重點會放在如何因地制宜。在平日就可以對總部說明台灣特殊的環境，可以被授權一定程度的當地決策，或者在不違反總部原則下，對於通報流程進行因地修正的增補。另外，當危機真正發生時，在矩陣組織下，小組成員如何運用一致資訊，對總部各功能主管彙報。這些都是準備危機系統必須思考的重點。

- **上市公司：**B to B 企業若有工廠編制，大多會有非常清楚的環安衛危機處理的通報程序，但缺乏對外溝通的機制，這時就必須增補類似的程序。如果是 B to C 企業，例如金融、通路等，則建議強化各地分公司、通路現場第一時間的處理標準作業與程序，以及與總公司之間的即時溝通做法。

- **中小公司：**這類型企業大多缺乏一套流程與組織，但也不宜太過複雜，建議可運用書中的做法，編制一份簡單、清晰，只要 A4 大小雙面就可以理解的危機管理程序。在組織運作上，則可以企業負責人為召

集人，小組則以公關或行銷人員，以及當責單位為主即可。

危機管理技能

當企業完成危機管理流程與危機管理組織，並且編撰成一本手冊後，已經算是做好了危機預防一半以上的工作。最重要、最困難的最後一步，其實是危機管理技能。

在危機管理現場，我最常被詢問「如何建立危機管理能力」？或者「如何培養危機管理人才」？**對企業而言，完整危機管理能力包含三個部分，議題偵測技能、危機管理技能，以及媒體發言技能。**這當中每個項目都必須長時間養成，就好像人類的肌力，必須有系統地被訓練，最好變成可以反射性使用不同地方的肌力，面對危機才會臨危不亂。

企業畢竟不會每天發生危機，該如何養成這套肌力系統？下列幾種做法可以作為參考。

- **教育訓練：**外商公司，特別是能源、化學、金融企業，大多每年都有危機管理訓練、工作坊或是講座。無論是自己舉辦，或是委託公關顧問，都可以協助企業高階主管溫故知新，建立危機肌力。
- **模擬演練：**許多有工廠的企業，因應環安衛領域的規範，也會進行模擬演練。一般企業也可以採用類似的做法，規劃危機情境，讓危機管理小組進行討論，甚至可以請公關顧問模擬角色扮演，也可以強化危機肌力。
- **個案討論：**別人的危機也有可能是自己的危機。當競爭者或其他產業發生重大危機，企業負責人可以利用機會，在主管會議上進行個案討論：「如果同樣的危機發生在我們公司，我們可以怎麼處理？」這也是強化肌力的好做法。
- **媒體交流：**媒體其實是危機處理最前線，與資深記者交流，了解他們處理危機的觀點、分析哪些企業做得好，給予企業可能的建議，都可以讓企業增長肌力。

‧ **專家請益：**這裡面包括向公關產業專家、非營利組織、跨產業的高階主管交流等，都可以讓企業避免閉門造車，開啟一扇學習之窗，讓肌力更強壯。

本章練習

1. 你所在的組織是否已經建立了危機管理系統，包括危機管理程序、危機管理組織與危機管理技能？

2. 如何運用本書所談論的做法，強化或改善組織現有的危機管理系統？

3. 書中提到強化危機管理技能的做法，你會立刻展開的可行方案？

Chapter 5

危機管理篇（1）——
與危機一起跳 DISCO

餿水油風波引起社會譁然，強冠公司董事長葉文祥今天出面主持說明記者會，自稱受到嚴重打擊，心情上感覺生不如死，葉文祥也當場致歉，先後兩次幾乎五體投地的下跪，還不斷磕頭、鞠躬，沉痛坦承對不起社會大眾。

　　針對從香港進口餿水油部分，葉文祥喊冤「我們也是受害者」。從香港購買的油品，對方有提供公證公司的證明，隨後這批進口油會通過海關關稅檢驗，並交給食藥署抽樣檢測，合格後才會進入公司的製程，且產品也都符合政府規定。在此情形下，產品還是有問題，真的讓他不知道該怎麼處理。

　　葉文祥也當場喝下一杯全統烤酥油，他稱自家和親友多年來用的都是強冠油品，絕對沒有賺黑心錢的本意，而且郭烈成的油進口價格比其他廠商還高，他怎麼可能貪小便宜從其中賺取暴利。

　　葉文祥最後也再次下跪磕頭，強調非常對不起合作廠商和社會大眾，他真的也是受害者，並不知道該怎麼贖罪。

　　　　　　　　　　　　　　　摘錄自由時報報導

　危機解密
　　　　從預防到修復的實戰管理

2014 年台灣劣質油品事件，讓多家廠商中箭落馬，也重創了台灣油品產業。作為台灣老牌的油品廠強冠，部分產品還擁有 GMP、ISO 認證，卻因為貪圖便宜的地下油供應來源，而讓這家近三十年歷史的公司遭受到史上最嚴重的危機，後續也面臨倒閉，負責人更受到法律的制裁。

在這場典型的道歉記者會中，這家企業展現的溝通態度與動作，包括下跪、喝油、強調會負責任。這些大動作只是媒體報導的噱頭，並不是解決問題的真正行動，更不是具體的商業行動，如回收產品、責任釐清（例如對供應商提告），以及初步可能對廠商協助（特定期間油品收入退還）等。整場記者會無法取得消費者的諒解，反而容易產生譁眾取寵的印象。

當這家企業強調自己也是受害者，只會使得消費者更加氣憤。人們之所以信任企業，是因為企業具有專業把關的能力，無論是來源、製程、運送、販售，這都是企業的責任。因此，在危機事件中，企業永遠無法將自己定位為受害者，即使企業真的被供應商欺瞞或詐騙，

畢竟這是社會大眾對企業的專業信任。

危機管理的迷思

在危機管理現場，企業普遍存在似是而非的迷思。這些刻板印象影響著企業負責人對危機的判斷，再加上台灣企業普遍存在「官大學問大」的心態，讓危機管理小組成員不敢講真話，全部以老闆的意見為依歸。

事實上，雖然企業負責人的意見不一定是錯誤的，而且很多時候是為了保障公司的利益，但是面對危機的非常時刻，企業負責人必須跳脫傳統的決策思維，破除下列最常見的管理迷思：

▶ 管理層級──公關主管層次 vs. CXO 層次

現今還有許多企業認為危機是公關主管的責任。事實上，公關經常是危機的最後一道防線，當事件發生時如何進行較好的溝通善後而已。今日企業必須將危機管理視為 CXO 責任，最好是 CEO 責任，透過分層負責

且系統化的機制，把看似「日常管理議題」（例如消費者抱怨、合約糾紛等），在組織內部妥善地通報與管理，才能防患未然。

❯ 決策速度──冗長決策 vs. 立即反應

在實務上，太多企業層層上報的決策程序，讓原來星星之火變成森林大火。但是，這真的無法改變嗎？公關主管平常就應教育 CEO，對於媒體輿論生態、社會大眾觀感，以及危機時間掌控，必須有一定程度的了解，才能有助於危機管理的反應速度。畢竟在與時間賽跑的危機事件中，企業反應速度常常會左右人們的觀感。如何在決策程序與人們觀感間進行取捨與平衡，的確考驗企業經營者危機管理的智慧。

❯ 分析視角──組織觀點 vs. 大眾觀點

企業負責人經常會以組織視角而非大眾觀點分析危機，以至於陷入歸咎給別人的盲點。在危機管理現場經常聽到下列的說法：這是競爭者有意加害於組織（其實

競爭者不見得有空）、這是網路酸民捏造事實（如果企業沒有疏失大可以反駁）、這是民意代表作秀的舉動（那為什麼不找別家公司）。從組織視角分析危機，會讓企業犯了大頭症，而忽略人們負面批評的真正原因。

》溝通對象──媒體記者 vs. 利益關係人

　　媒體記者絕非危機溝通的唯一對象。太多還未爆發至媒體之前的潛在危機，如果可以適時地與政府、消費者、員工或是商業夥伴溝通，常常可以讓大事化小，小事化無。就算事件爆發至大眾媒體，企業也必須思考哪些是關鍵溝通對象，以及溝通的優先順序等。

》策略行動──溝通行動 vs. 商業行動

　　現今還是很多企業高層認為，危機處理只要認錯道歉，也許就可以雲淡風輕。事實上，企業道歉不是危機處理的唯一答案！人們要的是事實真相、處理經過與具體行動，而不是空泛的公關話術。在面對危機時，所有的傳播行動，都必須有具體的商業行動做後盾，才有足

夠的力量說服人們。

防患未然——當下 vs. 未來（Now vs. Future）

當危機發生之後，許多企業總是看到當下而沒有看到未來。當下的行動如何讓危機盡速終結固然重要，但更重要的是未來：企業未來如何避免類似事件再發生？管理系統應有哪些改善？企業經營者應以更為宏觀且長遠的角度思考危機管理，而非「頭痛醫頭，腳痛醫腳」。

危機管理 DISCO 原則

至於當危機真正來臨時，企業可應用危機管理 DISCO 原則，形成決策並展開行動。

· Dual Path Process 溝通行動與商業行動雙管齊下
· Immediate Response 在第一時間對的回應
· Stakeholder 決定並判斷利益關係人的溝通優先序
· Containment 控制發展狀況

．Ownership 負起應有的責任

> D：Dual Path Process 溝通行動與商業行動雙管齊下

　　當危機發生的第一時間，在採取任何溝通行動前，企業應立刻思考：我們必須採取什麼樣的商業行動，才不會讓損害繼續擴大，或者立刻停止危機？所謂有效的商業行動可從下列三個指標來看：

— 管理現場：立刻讓現場恢復原狀或消失不見

— 掌握原因：掌握危機究竟是單一個案？還是系統問題？

— 預防再犯：思考管理程序的改善，或是強化企業規定或訓練

　　美國星巴克種族歧視事件，引發社會廣大的批評浪潮，甚至有人發起拒買。星巴克執行長 Kevin Johnson 採取大動作，事件發生 24 小時之內即宣布全美八千多家門市將在五月底關門半天，讓十七萬五千名員工接受「了解種族偏見」教育訓練。這就是非常具體的商業行

動，不僅具有誠意也處理明快，可以快速平息危機延燒。

≫ I：Immediate Response 在第一時間對的回應

至於究竟多快要進行第一時間的回應？在社群網路還未如此發達前，危機公關教科書都會說「危機處理的黃金二十四小時」。但面對現今社群網路消息氾濫的時代，人們根本等不到二十四小時。企業很可能在無法掌握所有事實之前，就必須被迫面對外界展開初步的回應。

因此，第一時間的回應有可能是一小時後，甚至是立刻的反應。畢竟當危機發生時，速度就是一切。第一時間的立刻溝通，對外界觀感會產生相當大的影響。無論是以聲明稿、媒體採訪，甚至臉書的一段文字，都有助於後續的危機處理。

企業在第一時間的回應，需掌握下列三大重點：
— 永遠將人們的健康和安全作為第一考量
— 秉持在意、誠懇且審慎的態度

— 企業無法「知無不言」，但至少需溝通「發生什麼事」與「正在做什麼」

在社群快速滾動時代，衷心建議危機處理只要清楚來龍去脈，想好處理對策，就應該快速回應。畢竟企業不回應，危機就會陷入資訊真空期，媒體或鄉民會自行腦補內容，影響輿論走向。

2018 年 3 月臉書個資外洩即是輕忽了第一時間的回應。在 3 月 16 日臉書宣布封殺兩家資料公司，卻沒有清楚說明補救措施，引發媒體鋪天蓋地報導劍橋分析盜用個資、臉書早就知情等，充分發揮偵探辦案精神，自行補充內容。

當輿論延燒一週後，臉書創辦人祖克柏 3 月 22 日才正式於自己臉書說明來龍去脈，以及後續商業行動，但已經無法影響輿論的負面批判，對臉書的品牌形象也已經造成傷害。

◆ S：Stakeholder 決定並判斷利益關係人的溝通優先序

在危機管理現場，企業經常於第一時間想到的溝通對象都是媒體記者，反而忽略其他利益關係人的溝通，例如政府、通路、銀行等，其實對危機有更重要的影響力。特別當重大且複雜的危機事件發生時，企業必須當下判斷：

— 誰是事件的利益關係人？

— 利益關係人溝通優先順序？

— 利益關係人溝通內容規劃？是否需要有差異？

— 如何透過各部門分工合作完成溝通行動？

對消費性產品行業來說，面對類似產品下架、退貨或換貨的危機事件，由於對通路夥伴影響甚大，也牽涉到廣大消費者，其重要性與優先性就遠遠超過媒體。因此，建議企業在與任何媒體溝通前，先向通路夥伴說明產品下架的配套做法。讓通路有所準備後，再透過媒體宣布，才不會產生消費者蜂擁而至卻無法應對的狀況。同時，企業的官網、社群或客服等，也都必須有相同的資訊。這些所有的溝通都必須發生在幾個小時之內。由

各部門分工合作進行溝通任務，並且立即回報，以充分控制危機發生狀況，避免再度蔓延或擴大。

另外，在危機管理現場，企業通常會忽略內部溝通，讓員工從報紙上看到公司處理的狀況。事實上，面對重大危機時，員工經常也會有來自家庭或合作夥伴的壓力，導致士氣低落無法正常工作。因此，做好內部溝通實有其必要性：讓員工知道公司的狀況、危機處理的做法，以及未來可能的行動等。這些內部溝通都能讓員工對公司有信心，有助於未來危機後的品牌修復工作。

由於社群媒體的發達，對內溝通如果做得不錯，也可以是一種很好的對外溝通。2020 年 5 月 5 日 Airbnb 宣布全球裁員 25%，共計 1900 人左右。雖然是受到新冠疫情的影響，但是這麼大規模的裁員危機，如果處理不好，很可能造成形象重大傷害。Airbnb 創辦人暨執行長 Brain Chesky 正式宣告裁員的信件，卻贏得了全球正面的肯定，甚至還被大量轉傳，實為危機溝通的良好示範。

整封信是從公司的價值觀出發，以誠懇、透明又具

人情味的語氣，詳述了裁員的決策過程、原則與做法，並且還特別表示公司會全力協助被資遣的員工找到新的工作，以及最後一段針對不同員工的感謝與愛。摘錄如下：

【Airbnb 創辦人暨執行長 Brain Chesky】
一些最後的話

正如我在過去八週所了解到的，危機讓你清楚什麼才是真正重要的。雖然我們經歷了一場旋風，但有些事情對我來說比以往任何時候都清楚。

首先，我要感謝 Airbnb 的每一個人。在這段痛苦的經歷中，你們所有人都激勵了我。即使在最糟糕的情況下，我也看到了我們最好的一面。世界現在比以往任何時候都更需要人與人之間的聯繫，我知道 Airbnb 會在這種時空背景下崛起。我相信這一點，正因為我相信你們。

第二，我對各位有一種深深的愛。我們的任務不僅

僅是旅行。當我們創建 Airbnb 時，我們最初的口號是「像個人一般旅行」，人的部分總是比旅行的部分更重要。我們所關心的是歸屬感，而歸屬感的核心是愛。

對於留下來的你們，我們向那些即將離開的人致敬的最重要方式之一，是讓他們知道他們的貢獻是重要的，他們將永遠是 Airbnb 故事中的一部分。我相信，他們的貢獻將繼續下去，就像我們的使命將持續不斷一般。

對於離開 Airbnb 的人，我真的很抱歉。請知道這不是你的錯。世界永遠不會停止渴望你們帶給 Airbnb 的品質和才華。正是你們成就了 Airbnb。我衷心感謝你們所分享的天賦。

布萊恩

▶ C：Containment 控制發展狀況

在危機管理過程中，最難的部分不僅需要針對危機現況回應，更要思考決策對於後續發展的影響。這當中包括：若依照目前的決策，預計一天後或數天後危機可

能演變？最壞的狀況？最有可能的狀況？最好的狀況？在道歉聲明或記者會之後，是否有可能終結危機等？企業經營者必須多思考幾個步驟，或是幾天後的狀況，才能有效控制危機，而不至於一直被危機追著跑。

最壞狀況的模擬通常可以透過思考「當利益關係人持續抨擊時，我們如何讓危機管理決策更為周全」。在典型的消費產品下架事件中，企業除了與通路廠商建立退換貨共識之外，消基會也是經常代替消費者發言的單位。最糟的狀況是消基會發起拒買行動、對廠商提告，或是為消費者求償。

針對拒買行動，企業需注意是否有明確的時間與聚眾地點，提前進行觀察與防範，並且觀察短期之內的銷售數字變化，是否為企業所能忍受的範圍。至於求償與提告，企業必須虛心接受消費者求償案件，但仍然審慎地從法律層次維護公司的權益。當然，企業若希望能事先預防危機最壞狀況，也可以直接就「全面賠償」評估可行性。只要是在企業可以忍受的成本範圍，這也是一個可終結危機方式。

◆ O：Ownership 負起應有的責任

最後也最重要的部分，企業經常會在危機管理的過程中，遇到外界追究責任的壓力。在重大危機中，所謂的責任經常是利益關係人的價值判斷，認為企業應該負起的責任，也就是應該有的作為。

在許多情況下，企業面對如同社會公審般的責任問題，經常會遇到情理法三者的優先考量與平衡處理。「情」指的是社會期待需負的責任；「理」是企業善盡完善管理應負的責任；而「法」則是法律約束企業應負的責任。因此，如何思考這三者的平衡，兼顧利益關係人觀感，的確考驗危機處理的智慧。

舉例來說，對於因廢水排放事件而停工的國際高科技公司而言，究竟是否真有未善盡環保而導致河川汙染的法律責任，自有司法程序給予最終的審判結果。但在危機發生的當下，從理性面來看，針對單一意外疏忽事件，廠商必須擔負應有的管理責任，也就是未來強化的管理行動。若從情感面來看，社會期待更高的道德標準，人們不在乎未來管理的行動，反而更在乎當下被破

壞的環境如何可以被修復。這也就說明，為什麼很多時候，企業必須付出額外的公益救贖金，終結危機事件。就算人們當下不見得領情，但卻是情感面可能的解決方案。

在過去協助企業處理危機時，除了提醒企業未來自我管理要做好，例如食安的溯源管理、工廠安全或環保管理等，此外也會建議企業投入額外的資源，增進產業對於該項專業的強化管理或進行專業人才的培養，或者以公益型態，投入大眾的教育或是弱勢族群的協助。這些固然不是企業一定要盡的責任，但至少代表企業願意從情理的角度出發，為社會多做一些事。

【桂冠巧克力湯圓】
聲譽放在第一位，即時處理危機

2021 年 12 月桂冠巧克力湯圓受到福灣公司的影響，當機立斷停止生產並將銷售所得捐做公益，實為近年來最佳危機管理案例。桂冠不僅即時掌握網路輿情，

並動態調整商業行動，再輔以虛實整合的溝通行動，讓危機化為轉機，成功地防守企業商譽。

事件背景

面對即將到來的冬至，食品大廠桂冠推出一款巧克力湯圓。這款湯圓是桂冠自己研發，並委託福灣代理採購進口的得獎巧克力原料，再經過消費者反覆測試，口味滿意度高達 80%，預計於 2021 年 12 月 4 日上市。

就在上市前夕，擁有 12 萬粉絲的某醫師粉絲團，爆料桂冠此次巧克力湯圓是與「有性騷擾前科的福灣巧克力合作」，並號召網友到桂冠臉書粉絲專頁留言，要求桂冠說明。

原來曾奪得世界冠軍的福灣巧克力，前董事長在 2015 年因性騷擾實習生被判刑的舊案，11 月在網路重新發酵。網友在著名網路論壇 Dcard 點名，乖乖、金色三麥、Mister Donut 等知名品牌，近期仍與「性騷巧克力」聯名合作，引發網友的撻伐和抵制聲浪。

雖然桂冠只是委託福灣代理進口巧克力原料，並非

聯名款,也非福灣生產的巧克力,而且產品品質無虞,但是很顯然在形象上,無法完全置身於事外。於是在短短 4 天之後,桂冠就宣布停產該款產品,已上架的「桂冠巧克力湯圓」所得,全數捐做公益。

▶ 處理經過

從 2021 年 12 月 4 日到 12 月 10 日,整整不到一週的時間,桂冠危機處理經過如表 5-1 所呈現。

| 表 5-1　桂冠巧克力湯圓下架事件 |

日期	重點事件	桂冠決策行動
12/3	·桂冠宣布巧克力湯圓即將上市,12 月 4 日全聯搶先販售	
12/4	·桂冠宣布巧克力湯圓上市 ·某醫師粉絲團爆料巧克力湯圓是與有性騷擾案件的福灣巧克力合作,號召網友到桂冠臉書粉絲專頁留言要求說明	

日期	重點事件	桂冠決策行動
12/5	· 桂冠說明巧克力湯圓原料為委託福灣進口得獎巧克力,並且經過消費者測試產品無虞 · 大量網民仍然持續留言,揚言抵制。該篇貼文有超過 300 名網友按「怒」、下方有 800 多則留言反彈	· 溝通行動——官方粉絲團溝通原料來源
12/6	· 雖然同時間福灣有多個聯名產品,但網路負面輿論持續延燒,並有網友持續揚言抵制桂冠各項產品	
12/7	· 桂冠表達停止巧克力湯圓生產,上架所得捐做公益 · 其他聯名廠商,如乖乖、Mister Donut、金色三麥、全家便利商店等品牌也跟進下架行列 · 媒體陸續報導冠桂行動,網民紛紛正面回應	· 商業行動——停止生產、上架所得做公益 · 溝通行動——官方粉絲團說明
12/9	· 桂冠董事長親上火線,接受天下雜誌採訪說明危機處理經過 · 網民陸續反應產品沒有問題,回收浪費食材很可惜	· 溝通行動——董事長採訪說明危機處理經過

日期	重點事件	桂冠決策行動
12/10	· 桂冠公布已銷售金額並捐贈勵馨做公益 · 桂冠同時公布通路回庫產品數量，並開放公益團體申請	· 商業行動——銷售金額捐贈勵馨，回庫產品開放公益團體申請 · 溝通行動——官方粉絲團説明

❯ DISCO 原則分析

若以 DISCO 原則分析桂冠巧克力湯圓的危機事件，該公司的做法可以作為企業危機管理的借鏡。

· Dual Process：12/5 至 12/10 **商業行動與溝通行動的互相搭配**。相較於許多企業處理危機缺乏實際行動，桂冠是以具體的商業行動支持溝通行動。這當中包括下架、銷售金額做公益，以及後續存貨提供公益團體申請，都讓溝通力量更強，真正有效解決危機。

· Immediate Response：記取 12/5 **回應教訓，12/7 立刻修正行動**。在觀察到 12/4 網友們開始質問巧克力原

料來源，桂冠並沒有迴避，嘗試在 12/5 臉書第一時間說明。只是 12/5 臉書內容持續引起網友的反彈，桂冠沒有坐以待斃，持續觀察網路的風向，並於 12/7 立刻修正行動，決定停產與做公益。

- Stakeholders：**面對利益關係人，消費者輿論最大。**當消費者輿論已經沸沸揚揚，桂冠選擇放大消費者的價值。正如董事長接受天下採訪所說：「**本來消費者的價值就是廠商要注重的，社會觀感的影響超過我們想像。我們只能選擇和消費者站在一起，雖然是無妄之災，但是能夠即時回應消費者的心聲、負責任的態度很重要，錢以後再賺就好。**」

- Containment：**12/7 當機立斷，減少損失，換回商譽。**這次桂冠危機管理最難的部分在於生意與商譽孰為重？如果繼續觀察網路風向，不做任何處理，很有可能會影響整個冬至的湯圓銷售量。倒不如快刀斬亂麻，當機立斷設立停損點，還可以換回商譽。

- Owner：**從社會觀感管理危機，動態調整商業行動。**從情、理、法的觀點看這次危機，如果桂冠不做任何處理，無論在道理上或法律上都站得住腳。但是

危機解密
從預防到修復的實戰管理

桂冠願意從情的層面，也就是社會觀感管理危機，動態調整商業行動，包括後續存貨提供公益團體申請，都讓印象大大加分。

對許多企業負責人而言，危機發生當下的痛苦與壓力，實為這一輩子難忘的管理經驗。當危機過去之後，千萬不要就此打住，反而應該將危機視為企業於管理上的一種修煉，趕快上緊管理發條，讓類似事件不再發生。這才不枉費這堂昂貴的危機管理課程！

本章練習

1. 針對六大危機管理迷思，請問貴公司存在哪一項？該如何克服？
2. 在危機管理 DISCO 原則中，哪一項最為關鍵？為什麼？
3. 若類似桂冠的危機發生於貴公司，會採取類似的做法嗎？

Chapter **6**

危機管理篇（Ⅱ）──
虛實整合的危機溝通

美國消費品安全委員會（CPSC 簡稱消安會）於 4 月 17 日警告，家中有孩童或寵物的消費者，應立即停用派樂騰 Peloton Tread+ 跑步機，並即將展開進一步調查。消安會公布了一段影片，有關派樂騰跑步機夾住孩童的意外過程，讓許多消費者看了膽戰心驚。

　　消安會發言人表示，這款跑步機皮帶及離地高度等設計，比其他品牌更容易將人、寵物及其他物品拖到機器下方。根據調查顯示，派樂騰跑步機 Tread+ 造成 39 起意外，包括 23 起兒童遭夾傷，導致骨折、挫傷等，其中一名兒童因此死亡，15 起為跑步機履帶捲入健身球等物體，另有一起涉及寵物。

　　被譽為「健身界 Netflix」的美國健身器材新創公司派樂騰，2019Nasdaq 上市，與 Uber、Airbnb 並列被稱為矽谷獨角獸。該公司跳出傳統健身商業思維，以實體產品結合社群互動式線上直播教學。因為新冠疫情，人們改而在家運動，促使健身器材銷量大增，也讓該公司營收與股價扶搖直上。

　　針對消安會的警告，派樂騰第一時間的回應：「我

們對於這份政府單方面所發的新聞稿感到困擾。這當中的內容說明不夠精確而且具有誤導性。事實上,消費者只要遵守所有警告和安全說明,就沒有理由停止使用Tread+。」

摘錄自媒體報導

面對危機事件,企業大多會有認知與事實的差距。許多企業第一時間的回應其實都是從自己的角度出發,防禦心態遠大於接受事實。派樂騰即是一個典型的案例。這家成功的新創公司,素來以其產品設計美觀與品質優良自豪。雖然陸續有消費者意外事件發生,甚至美國消費品安全委員會出面警告與調查,但派樂騰仍以「只要消費者遵守警告與安全說明」回應。

這個糟糕的回應缺乏同理心,特別是當公布孩童被跑步機夾住的意外過程,人們還處於情緒的驚嚇,卻聽到廠商表示消費者要遵守說明文件,很可能會因此感到非常氣憤。另外,這個回應也缺乏警覺心,至少必須展現願意配合調查的態度,而非不認同政府的說明。

整起事件一直拖延至五月份，在配合消安會調查後，派樂騰態度有所逆轉，並與消安會發表聯合聲明，執行長公開致歉，召回兩款跑步機，消費者全額退款，才讓這起危機落幕。第一時間不恰當的溝通，讓派樂騰股價下跌、生意受損，聲譽也蒙上負面陰影。

危機溝通 4C 步驟

在社群媒體爆炸的時代，再加上複雜的台灣媒體生態，危機溝通是企業處理危機過程中，經驗最少、壓力最大，並且也最難管理的部分。

斗大「無良企業」標題，再加上自己驚慌失措的鞠躬照片——昔日意氣風發的大老闆，成了今日過街喊打的大惡人，這是危機遭公審的典型報導。企業負責人站在道歉記者會的現場，就如同站在審判法庭一樣令人頭皮發麻。

當負責人小心翼翼唸完律師與公關顧問準備的道歉

聲明，再輔以深深的一鞠躬之後，霹靂啪啦的鎂光燈會讓人壓力大到恨不得奪門而出。記者毫不留情，排山倒海，咄咄逼人的問題，更讓自己忿忿不平：究竟與這些人有什麼深仇大恨？還是已經罪大惡極到應該下地獄？早知危機傷害如此之大，又何必當初不謹慎預防？

　　基本上，危機溝通是在處理大眾認知與事實的差異。危機本身有發生經過、原因與解決方案的事實。針對危機的事實，企業有其主觀的認知，大眾也有其既定的認知。這兩者之間不必然相同，甚至很可能是在天秤的兩端。因此，危機溝通的關鍵在於如何根據事實發展論述，縮短企業與大眾的認知差距，以期早日終結危機事件。

　　究竟該如何做好溝通規劃，才能降低危機對企業聲譽的傷害？企業可以透過下列四大步驟展開做法。

▶ 步驟一 Check：檢視分析輿論現狀

　　危機溝通之前要先做功課，了解利益關係人的認知

現狀。透過一般媒體、社群媒體與網路口碑的監測，可以知道輿論第一時間的反應。至於如何掌握質化與量化不同的反應，企業可參考表 6-1 標準進行評估，市面上也有口碑公司提供類似的服務。

| 表 6-1　危機監測指標 |

質化指標	
發言者	發言者是否為具有影響力的組織？ 發言者是否為意見領袖、民意代表、KOL 等？ 發言者是否為公司鐵粉？還是一般人？
發言平台	具影響力口碑平台：如 Dcard、PTT、Mobile01 等 具影響力 FB 或 IG 粉絲團：如爆料公社等 一般媒體平台 其他
發言調性	單純分享危機 簡單負面評論，如太不負責了、這太糟糕了 長篇負面評論，分享自身經驗或分析更多內容 號召並鼓勵行動的負面評論，例如前往抗議、進行拒買
量化指標	
每日聲量來源 －正評 －負評	媒體報導 社群媒體 討論區 部落格

在輿論分析層面，企業必須掌握整體情緒、重點內容、數量變化，以及特殊發言者。

· **整體輿論情緒**

在於了解人們的認知，也就是質化內容所代表的正面、負面狀況，以及人們的情緒感受（sentiment），例如驚嚇、氣憤、悲傷、痛恨等。當企業越了解大眾的情緒感受，就能發展越合適的溝通語氣與態度。

舉例來說，在造成人員死傷的化學工廠氣爆案，輿論情緒會傾向對死傷者的憐憫，以及對企業所願負擔的責任，表達一定程度的情緒，如氣憤、痛恨，或質疑等。在事件調查結果出爐前，企業礙於法律很難表達願意負起全責或賠償。因此，企業回應重點就必須從同理心出發，表達對死傷者的哀悼、慰問與致贈慰問金協助家人。至於在究責上，企業則必須表達全力配合調查，絕不逃避調查結果所應付的責任。這類型的擔當至少可以減少人們對企業的質疑。

·重點內容分析

在於了解人們對於危機關切的重點內容，大致包括事情發生的原因、可能產生的衝擊，以及企業願意負起的責任，如賠償金額。在危機處理的現場，建議企業可以條列式整理，作為處理決策的討論依據，以及媒體 Q&A 基礎。當然有時也會發生一些周邊的八卦、事件的陰謀論，或者臆測組織的政治等，這些都必須留意，作為輿論分析的背景，但未必要公開溝通處理。

美國行為科學、聲譽與危機溝通專家 Michael Maslansky，曾經研究人們針對危機事件，通常有四種負面敘事型態：你不在乎、你不誠實、你濫用權力、你讓事情雪上加霜。

從質化分析了解人們目前的敘事型態，有助於弄清楚人們所關注的重點內容，以發展合適的回應。

當人們認為「你不在乎」時，企業可以著重為了處理危機事件，已經對受影響者所做的協助與溝通，並希

望他們能早日恢復。如果人們認為「你不誠實」時，企業則必須在溝通資訊時維持更為即時、清晰與透明。唯有理解人們的敘事，才能真正回應他們的顧慮。

·數量變化分析

從量化評估輿論，重點在於數量成長變化、帶動聲量的主要來源平台，以及各平台討論占比等。量化可以讓企業判斷並選擇主要溝通平台，以及溝通行動的有效性。藉此判斷危機是否已經結束，並可著手恢復正常運作與品牌修復行動。

表 6-2 為一特定危機事件的輿論數量統計，討論來源主要集中在新聞與社群網站，尤其是官方粉絲團。這正是企業第一次回應的平台，也是在危機處理時業者刻意將消費者抱怨集中處理。從數量變化的趨勢分析，8月 5 日是危機事件被媒體踢爆的日期，一直到 8 月 12日企業最後一次聲明稿，可以觀察到溝通行動已有效地遏止危機事件，讓整體討論回歸正常狀況。

表 6-2　危機討論來源與數量（圖表來源：Opview）

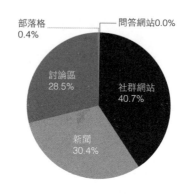

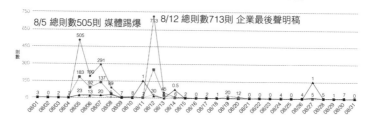

·特殊發言者

無論在實體或網路世界，總有一些特定人士的發言比較引起討論，甚至鼓動人們採取進一步行動。這些特

殊發言者包括政府、民代、知名非營利組織、名嘴、網紅等。在危機處理時，企業必須透過監測了解他們的狀況，並因應其發言內容，評估預防性對話與行動。

這些特殊人士的發言如果只是蹭熱度，建議保持監測，不特別回文，避免「乒乓球效應」。這些本來就積極經營網路輿論的人，品牌的回文讓他們拿到了發球權，馬上與事件產生了關聯性，好好的大作文章。

步驟二 Content：發展溝通定位與訊息

在掌握輿情狀況之後，企業即可發展危機溝通的定位與訊息，如表 6-3 所示範的架構。所謂定位是指企業對危機的整體立場與態度，必須兼顧外界的觀感期待與企業的責任底線。至於訊息則是在定位之下，企業對於危機的調查與行動，以及預防再犯的做法。

在發展定位與訊息時，企業調性與語氣非常重要。企業必須在危機溝通多些同理心、人情味與誠懇度，少些商業與法律語言。特別是面臨重大危機事件，企業在盤點情理法的優先順序，絕對應該訴之以情，謙卑接受

錯誤，並誠懇面對指責，並且堅定採取改善行動。

| 表6-3　危機定位與訊息 |

定位 對危機的立場與態度		
訊息一 發生什麼事？ ・事件經過 ・造成影響 ・事件原因	訊息二 企業採取的行動？ ・商業行動 ・溝通行動 ・法律行動 ・公益行動	訊息三 企業如何預防不再發生？ ・對利益關係人的可能承諾 ・未來預防管理政策與行動的實施
（視法律責任影響，是否溝通原因）	（視實際決策，增減可能行動）	（視企業準備周延程度，再補充説明）

　　義美純肉鬆回收聲明稿、高科技廠意外事故的危機溝通聲明稿，企業可更理解定位與訊息之間的關聯，以及調性語氣的重要性。

▶▶ 義美純肉鬆回收聲明稿
定位：誠懇致歉，願意負起全責，未來食安嚴謹把關

語氣：自責、誠懇、堅定

訊息：

· 發生什麼事：委外製造肉鬆出現問題，造成消費者困擾，致上十二萬分歉意。

· 企業所採取的行動：凡購買消費者可退款或換貨、盡量自製並採嚴格檢驗把關、自製產品將盡速供貨。

· 如何預防不再發生：持續強化產品檢驗、委外嚴格控管，以及呼籲政府嚴格把關進口來源。

【我們賣的、我們負責】

購買「義美純肉鬆」產品的消費者，造成您們的困擾，我們先致上十二萬分歉意！購買義美委外代工產製的「純肉鬆」產品之消費者，可到全國各義美門市部接受退款、或可等到本公司自製之「義美純肉鬆」產品上市時，到本公司門市換貨。

本公司多年來不定期檢測自國內外購買之油脂；2013 年 10 月 16 日「大統混油事件」後，更對油脂原

料進行「脂肪酸組成」及有關檢驗項目檢測；今
（2014）年初起，更對食品所含油脂之「脂肪酸組成」、
及有關檢驗項目陸續檢測。

8 月中檢測委外製作之產品所含油脂時，發現「榛
紀食品有限公司」代工之「義美純肉鬆」產品，其油脂
「脂肪酸組成」有些許疑慮後，隨即著手洽購肉鬆炒製
設備，並早於 9 月 13 日，本公司主動、自主性將原於
部分門市銷售之「義美純肉鬆」產品全面下架，本
（10）月底前，義美自製「純肉鬆」產品，即將生產、
上市。

本公司一年前、即去（2013）年 10 月 9 日起，即
自行以「豬板油、豬中油」於廠內自製豬油，作為工廠
生產原料之用。

義美公司從原料採買到加工，一向自行謹慎了解掌
握，97%以上，掛義美品牌的商品，都是自製產品，針
對此次委外製造肉鬆出現問題，義美公司也深自檢討、
深感抱歉！

以後，義美委外產製的產品，都會更為用心，以確

保食品安全無虞！

　　最後，我們沉痛呼籲：政府各部會應該動起來，以港口海關為分界點，國外段採取「溯源‧分流」的霹靂手段，國內段採取「分廠‧分照」的規範，澈底為無辜、無助、無奈的消費者、微型攤商、小型餐廳、食品加工廠解決「食用油脂」的根本安全問題！

　　因為，在台灣能夠像我們一樣自行檢測、自行加工產製、或進口油脂的廠商，非常之少；能夠生產供西點麵包廠商、餐廳、小型食品工廠使用的油脂廠，更是只有區區幾家而已，一家黑心廠商，可能就會毀掉「台灣美食王國」的美譽；政府應該嚴肅面對！

義美食品公司

總經理 高志明 敬上

▶▶ABC 公司意外事件聲明稿

定位：表達遺憾並給予罹難者即刻協助，配合調查，未來強化承包商管理

語氣：遺憾、難過、誠懇面對，但不臆測原因

訊息：

- **發生什麼事**：承包商檢查作業發生意外，很遺憾造成兩死三傷。
- **企業所採取的行動**：第一時間進行緊急搶救、拜訪罹難者家屬並給慰問撫恤、配合政府相關單位進行調查。
- **如何預防不再發生**：強化承包商安全管理。

【ABC 公司意外事件聲明稿】

　　針對台南廠區承包商入廠進行檢查作業中所發生的意外事件，對此，我們深感遺憾，我們深切了解罹難者家屬及親友的悲痛心情，也於當天偕同承包商拜訪家屬，致贈慰問金，積極協助承包商進行家屬的慰問撫恤，致上最深切的慰問。

　　就目前初步了解的狀況，承包商與本公司員工共二名都依安全規範，穿著防護衣進行檢查作業。當意外事件發生時，三名夥伴為了急救傷者，緊急之下未著防護

衣，因而很不幸地導致兩死三傷的結果。無論是死者或傷者，我們一定會給予全面的協助和支持。

　　由於此事正由相關政府單位調查中，在此時刻，我們不便做任何推測，並將積極配合政府相關單位進行調查工作，以期盡早釐清事實真相。未來也會立即加強承包商安全管理，避免類似事件再次發生。

▶ 步驟三 Channel：決定溝通方式與管道

　　當企業完成對外溝通文件之後，就必須決定溝通方式與管道。面對碎片化的媒體環境，企業危機溝通的管道必須跳出傳統媒體的思維，運用自有平台，如臉書說明經過並道歉、媒體新聞稿或採訪說明，又或者可以購買關鍵字，甚至廣告，讓更多人了解企業解決問題的誠意與行動。

・Owned, Earned, Paid 媒體策略與組合

　　透過 Owned, Earned, Paid 媒體策略與組合如表6-4，在平日就應該盤點企業所擁有的媒體資源，面臨

危機時則可以視溝通的對象、媒體的有效性,以及企業的資源決定溝通的方式與管道。

Owned Media 企業擁有的媒體平台	Earned Media 自行報導或討論媒體	Paid Media 付費媒體或觸及廣告
· 官網 · 臉書／IG · Line 官方帳號 · 部落格	· 平面媒體 · 網路媒體 · 廣播媒體 · 電視媒體 · 社群口碑平台	· 媒體廣告 · 數位媒體關鍵字 · 社群媒體廣告 · 其他

▶▶ 英國肯德基的案例

2018 年英國肯德基因為物流問題,許多店面無「雞」可賣,全英國 900 多間分店中有 600 多間被迫暫時歇業。為了向失望民眾表示歉意,肯德基特別在英國太陽報與 Metro 日報,刊登一張整版廣告。紅色的底襯著一個寫著「FCK」(而非 KFC)的炸雞空桶和一些炸雞麵衣碎屑,並寫著:

我們很抱歉。

一家雞餐廳沒有雞。這實在不是理想的事。對客戶致上深深的抱歉，特別是那些專程來找我們，卻發現我們大門深鎖的人。

　　我們也要謝謝 KFC 團隊和我們的企業夥伴，他們孜孜不倦地改善當前的情況。

　　這就像身處在地獄週，但情況已經有進展。每一天，有愈來愈多的新鮮雞肉，送達我們的門市。謝謝你們的忍耐。

　　不妨蒞臨我們的網站 kfc.co.uk/crossed-the-road 找到更多有關你附近餐廳的資訊。

圖片來源：https://imgur.com/gallery/ZQBAx

此舉展現肯德基承認錯誤的誠意，提供清楚的資訊給消費者，甚至謝謝供應商與員工的努力。當然，肯德基也運用幽默的創意，自我解嘲了一番，讓消費者指責之餘，只好會心一笑。更高招之處在於成功的媒體策略，透過幽默廣告刊登在報紙上，帶動網路社群、平面媒體、電視媒體等延續性的報導與分享，充分運用了 Owned, Earned, Paid 媒體的力量。

· 道歉記者會的執行

雖然數位媒體的快速發展，讓危機處理的管道可以更為多元，但不可否認，面對重大危機時，舉行一場道歉記者會，還是相當重要。這種形式除了展現企業的誠意態度，透過 Q&A 釐清記者的疑慮，也可以畢其功於一役，極大化溝通成效，更重要的是終結危機事件。

在負面新聞數日之後，甲乙丙公司執行長獲得總部的核可，決定親上火線舉行道歉記者會。這位老外執行長已來台多年，深深喜歡台灣的人情味，並帶領團隊創

危機解密
從預防到修復的實戰管理

造相當不錯的業績。卻從未想過，友善的台灣給了他最棘手的危機狀況。

在記者會之前，就算已身經百戰的他，還是免不了非常緊張。前一晚睡不著，老外執行長已依照律師與公關顧問建議的道歉聲明稿，重複練習了好幾次，甚至連唸到哪裡要深深鞠躬也準備了好幾次，但還是感受到莫大的壓力。

上場了，十幾家電視台再加上閃個不停的鎂光燈，從入口到講台不到 30 公尺的距離，他從來不曾覺得這麼漫長。更不用說依照文稿說明原委與方案的 3 分鐘、道歉鞠躬的 30 秒，以及記者接二連三長達 10 分鐘的 Q&A 時間，每個關鍵時刻都度日如年。

所幸整體流程都如預期所控制，老外執行長依照公關顧問的建議，不特別與記者攀談或聊天，以正常速度離開記者會現場，搭上事先安排好的電梯與車子返回公司。

這或許是人生最難堪的經驗，但也是最寶貴的經驗──作為一位 CEO 的擔當與職責。

上述是典型的道歉記者會現場，也是危機管理現場最重要的場景。危機管理團隊除了依照前面步驟準備溝通的內容，更必須準備現場的執行。從定位、規劃、現場與結束來說明：

- **記者會的定位**：企業負責人出現的道歉記者會，就是要終結危機。因此，就算是在準備時間不充分的狀況下，一定要以終結危機為目標。現有的商業行動是否足以縮短人們的認知差距？是否還必須採取額外的補償行動，或公益做法？這些關鍵問題若沒有準備好，道歉記者會就無法達到終結的功用。
- **記者會的規劃**：企業若舉辦道歉記者會，一定要開放記者 Q&A，否則只會招致媒體的氣憤與抱怨。畢竟記者會的意義在於雙向溝通，如果不開放 Q&A，發新聞稿即可，又何必多此一舉？至於規劃上，面對如此巨大又緊張的壓力，企業一定要找具有豐富經驗的公關主管或公關公司協助。這當中包括：
  　—**事前準備**：這當中包括聲明稿、道歉稿、Q&A

等。如果可以事前演練最好，但如果無法，也至少要協助發言主管一對一練習。

—**進場與開始**：一定要準時進場與開始。任何延遲只會讓記者心生不滿，並且在等待的時間交換情報，構想更為困難與棘手的問題。

—**說明與道歉**：記者會的主要發言人可以是負責人，再搭配當責主管（可以補充細節）。至於法務相關人員出席與否，則必須視案件的狀況。整體說明建議以 10 ～ 15 分鐘為限，而關鍵時刻鞠躬道歉則建議以 30 秒左右，讓記者可以完整的取得畫面。

—**媒體 Q&A**：建議也以 10 ～ 15 分鐘為限，先讓平日熟悉且友善的記者發問，有助於緩解緊張的氣氛。主持人有效控制發問頻率，如果問題越來越發散且無法控制，可以有禮貌表達時間關係，邀請最後提問以準時結束，這些都必須在縝密的規劃之中。

· **記者會的現場**：切勿選擇在公司舉辦，或過於華麗的

場地，也不能出現任何企業 Logo 與製作物。另外，企業負責人進出動線必須事先排練，走大門行主要通道，切記小門、後門，其他通道，或者搭乘貴賓梯、貨梯等，才是展現企業格局的做法。

許多上市公司負責人都有隨扈或保鑣。這些人大多體格壯碩，但出現在道歉記者會現場，只要稍微阻擋或推擠記者，很容易被媒體作文章。因此，建議安排女性保鑣或同事協助公司負責人，較可以避免被誤會的狀況。

· **記者會的結束：** 如同前述案例，事先看好離開記者會現場的動線，安排好電梯與車子，有條不紊且從容的離開現場，切勿快跑、以文件遮臉，或請隨扈阻擋記者。在危機記者會結束之後，高度建議企業高階主管不逗留現場。在記者會後，熟識記者看似非正式的閒話家常，很容易造成主管因為鬆懈而發言內容失當，讓原先設定好的道歉失焦。

▶ 步驟四 Closure：結案判斷與修復準備

當重大危機落幕之後，企業鬆一口氣之餘，業務逐漸恢復正常運作，即可以展開結案判斷。這段時間的溝通任務除了需要掌握內容、語氣與管道的合適性，也必須開始評估並準備形象修復工作。

究竟如何判定「危機已經結束了」？媒體報導趨向零，再加上社群輿論日漸減少，的確可以認定在大眾輿論的環境，企業可以稍微喘一口氣。但千萬不能就此鬆懈，企業必須進一步盤點利益關係人的狀況，例如受影響的消費者，是否都已經聯絡？政府機關是否保持密切的進度說明？曾經抨擊企業的意見領袖，是否有必要過一陣子去拜訪？這些都是危機修復前，企業必須先營造較為中性的輿論環境，預防野火燒不盡，春風吹又生。更重要的是，每一次的危機都是很寶貴的經驗。**企業不應該浪費每一次的危機，應有系統地整理成案例，作為日後研討或演練的教材。**

至於修復的準備，需以危機型態判斷可能的做法。例如，產品類型的危機則牽涉到新品上市，管理疏失則

牽涉到政策強化等。許多企業會評估公益行動是否為危機復原的萬靈丹？答案是不一定。企業還是應該從品牌角度，思考公益行動對品牌的正面加分，而不是為危機而公益。特別是產品類型的危機事件，人們最終還是希望企業負責任地將產品改善做好，這才是消費者最重視也最寶貴的期待值。

危機道歉的藝術與技術

為了好好的終結危機，道歉成為企業一定要做的事，但卻有藝術與技術層次的挑戰。為什麼要道歉？該為什麼事情道歉？誰應該代表企業道歉？到底對誰道歉？道歉就可以終結危機？這許多的問題不僅在危機管理小組反覆討論，也存在於律師與公關顧問之間的專業爭辯，更考驗企業負責人的決策智慧。

【2010 英國石油漏油事件】

我很抱歉。為了這件事，我們對民眾生活造成的巨大破壞感到很歉疚。沒有人比我更想要結束這件事，我要我的生活恢復從前。

Tony Hayward, 英國石油執行長

【2012 年蘋果地圖功能】

蘋果一直努力打造可提供最佳經驗的產品，但前一週發表的新地圖服務卻未能履行該承諾，我們對客戶因此遭受到的挫折深深感到抱歉，並將竭盡全力讓地圖變得更好。

Tim Cook, 蘋果董事長兼執行長

【2016 年迪士尼奧蘭多鱷魚攻擊小孩事件】

作為一位父親和祖父，在這個損失的時刻，我的心與 Graves 一家同在。我的思念和祈禱與他們同在，我知道迪士尼的每個人都和我一樣，表達最深切的同情。

Robert Iger, Disney 董事長兼執行長

【2018 臉書資料外洩】

> 我們有責任保護用戶的數據，如果我們做不到這一點，就沒有資格再為用戶提供服務。我努力想搞清楚到底發生了什麼，以及要怎麼做，才能防止類似事件再次發生。
>
> Mark Zuckerberg, Facebook 創辦人

四種不同的道歉，究竟是從企業的角度出發？還是受害者的角度出發？究竟只有道歉說法？還是有具體的行動？

事實上，道歉是有學理依據的。美國俄亥俄州立大學兩位教授 Roy Lewicki & Robert Lount，曾經發表於期刊的研究顯示，道歉效果好壞取決於企業的用字遣詞。這也說明，企業道歉說對話，將產生事半功倍的成效。

這項研究了解人們究竟對怎麼樣的道歉用語最有感？因此運用六項道歉的關鍵用語進行測試：

1. 表達遺憾（regret）

危機解密
從預防到修復的實戰管理

2. 解釋錯誤發生

3. 承擔責任

4. 陳述後悔（repentance）

5. 提供補償或改善做法（repair）

6. 請求原諒（forgiveness）

在近 **800** 人的研究調查中發現，人們對於承擔責任與提出補償或改善做法最有感覺。畢竟表達遺憾只是廉價的口惠，人們希望聽到的是「我願意承擔責任，並採取具體行動修復錯誤」。這才是道歉最有效且最高的指導原則。

其他表達後悔或請求原諒的部分，大多數人比較無感。特別針對請求原諒部分，畢竟人們還在當下的情緒，無法立即「原諒企業」，也還需觀望具體實踐所承諾的改善做法。

另外，人們傾向接受「企業因為能力不足」的道歉，反而對於「企業因為缺乏誠信（Integrity）」的道歉，比較無法接受。企業道歉時謙卑的語氣、真誠的態度、情緒的掌握，以及專注的眼神，都會影響人們的觀

感與道歉的效果。

整合危機現場經驗與理論原則，企業可以從情、理、法三大層面，掌握道歉的藝術與技術。

‧訴之以情的定調

掌握社會觀感，也就是人們最在意的感受，並且訴求同理心。人們最關心的是可憐的死傷人士、吃了有害物質擔心害怕、投資卻血本無歸的權益影響、企業過失或欺騙造成的損失等。這些就是道歉最需要強調的重點，表達對人們感受的在意。

如果事情很明顯是企業的責任，訴之以情的道歉就可以開大門走大路，就像前面義美的聲明稿「我們賣的，我們負責」。至於類似「對於輿論的紛擾，表達最深的歉意」等，此一無法針對人們情緒找到出口的說法，建議還是少說為妙，以免引起更大的反感。

在危機管理現場，經常會有需要釐清法律責任的事件，律師往往會擔心訴之以情的道歉，會讓企業承擔沒完沒了的法律責任。事實上，有經驗的律師都知道，有時候第一關道歉的妥善處理，有助於日後審判的輿論塑

造，還有所有的法庭審理會依據實際的證據，而不會只依照道歉所承認的錯誤。因此，有經驗的律師總是會願意與公關夥伴合作，找到比較好的訴之以情道歉說法。

當奧蘭多迪士尼樂園發生鱷魚攻擊事件，迪士尼董事長兼執行長 Robert Iger 正在參加上海迪尼樂園開幕活動。艾格一方面派奧蘭多迪士尼樂園的負責人立刻趕回處理，另一方面與受害者的父親，第一時間通電話表達慰問。

我既是父親也是祖父，
我無法想像，你們正在經歷的一切。
我是迪士尼的最高階主管，
我希望你們從我這裡知道，
我們將竭盡所能幫助你們度過難關。

摘錄自《我生命中的一段歷險》一書

作為一位資深的執行長，他絕對知道任意與受害者家屬溝通可能造成的法律責任。但也就是因為他的同理

心，讓對方願意放下，並表示：「答應我，不會讓我的兒子白白犧牲」。後來也順利的和解，並且以孩子的名義成立基金會。

·理的支持論述

如同前面學理的依據，人們希望聽到的道歉是「我願意承擔責任並採取具體行動修復錯誤」。因此，在道理面的支持，重點放在目前當下可以採取的商業行動。當然，如果可能最好再輔以如何確保未來不會再發生，部分系統性的商業行動，例如強化人員的教育訓練、重新檢討並強化內控流程等。

·法的溝通取捨

人們對於法律理解的過分簡單，對應危機事件的複雜訴訟，其實溝通上有其一定的難度。因此，危機道歉的場合，未必需要主動溝通未來會採取的法律攻防行動，頂多被問到時提及「配合有關單位調查，提出相關事證」。除非危機案件中，企業受到其他企業、個人牽連，導致必須負起責任，這時才建議可以主動表達「對於事件其他相關者，企業將採取必要的法律行動」，以

捍衛企業的權利。

總結——危機溝通 Dos and Don'ts

從危機溝通 4C 步驟,再加上道歉的理論和實務,危機溝通實為一門兼具藝術與技術的學問。從溝通的藝術來看,企業必須拋棄自己的情緒與觀點,從利益關係人的角度,進入他們的情緒世界,理解他們所看到的事實。如此才能進一步運用溝通的技術,從同理心的角度表達感同身受,願意承擔責任,並採取具體行動修復錯誤,才有可能拉進認知與事實之間的距離。

最後,企業可參考 Dos and Don'ts 作為關鍵時刻最佳的行動指南。

❯ 危機溝通 Dos

- 掌握時間與反應速度
- 授權公關即時回應
- 謙卑、誠懇、不說謊

- 兼顧利益關係人的發言內容一致
- 善用數位、社群與實體媒體
- 必要時邀請外部專家——律師與公關協助

▶ 危機溝通 Don'ts

- 拖延、慢半拍與缺乏商業行動
- 千篇一律的回答
- 敷衍、隱瞞、太官僚
- 認為企業是危機的受害者
- 迴避記者電話,或見到記者落跑
- 只重視傳統媒體,未善用 Owned, Earned, Paid 力量
- 凡事只以律師意見為依歸,缺乏整體危機管理 思維

本章練習

1. 在危機溝通 4C 步驟，請問貴公司哪個項目做得最好？哪個項目需要改善？

2. 請盤點貴公司 Owned, Earned, Paid 媒體平台的資源與能力

3. 危機道歉的情理法中，該如何兼顧並平衡三者？

Chapter 7

危機後修復行動——
不浪費任何危機，
化為組織養分

知名營養品牌最近正在尋找公關總監，希望協助經營整體品牌形象，並且發展更清晰的公益策略。透過搜尋 104 履歷資料，人資主管主動接洽了一位資深公關人，希望她可以考慮來面試。

　　這位資深公關人照例 google 一下，期望能更了解這家企業。第一頁很正常的出現了公司官網、維基百科、電商購物等一般資訊，但底下卻出現消費者所組成的正義聯盟。

　　基於專業敏感度，資深公關人立刻深入研究當中的來龍去脈，原來是發生在十年前的案子。消費者因為長期服用了該保健營養品，導致身體有些皮膚過敏的狀況就醫。後來雖然已經康復，但仍有後遺症。由於是長期愛用者，氣憤之餘也希望品牌能善盡清楚標示之責任，於是持續向公司建議希望改善。這一來一往或許公司有為難之處，仍然沒有任何動作。於是消費者一氣之下，提出了民事訴訟。

　　在經過了一審、二審等多次來回，雙方各有勝負。每次這名消費者均詳細記錄當中的過程於部落格、粉絲

危機解密
從預防到修復的實戰管理

團、Youtube 影音等，反觀公司並沒有相對應的說明。不過，由於事發多年，新聞報導倒是已不容易搜尋。但是 google 品牌名稱還是會看到品牌評價、副作用、爭議等搜尋，維基百科也條列一些其他負面訊息。

在看完這些資訊之後，這位資深公關人開始猶豫，究竟該不該面試？

改寫自面試者經驗

當危機結束之後，企業大多感到如釋重負，終於可以恢復正常運作。但是危機所帶來的負面影響，真的就無影無蹤？前述案例顯示，拜無遠弗屆的網路之賜，企業以為已結束的負面內容，仍存在於 google 搜尋第一頁。更糟的狀況是受害者發展了網站、粉絲團、部落格等，詳述所有經過，但卻缺少企業的說法。

以這個案子來看，面對爭議多年的訴訟案件，我會建議企業針對有利自己的審判結果，至少需要在官網說明，讓大眾可以搜尋得到。另外，針對消費者所提到的一些產品服用之後的可能作用，則建議以正面教育的方

法，讓醫生、營養師等專業人士分享正確使用的方式，並提醒以自己身體狀況調整使用量，才能有效地享受產品，讓自己更健康。當然，最基本面還是企業必須創造足夠的正面內容，不必然與這個案件有關，可以是任何有關企業形象、發展、產品、公益等內容，才會讓搜尋第一頁都是正面訊息，負面內容才會往後排序。

危機 vs. 聲譽──以時間換取的修復之旅

華倫巴菲特曾說：「建立企業形象需要花費 20 年時間，但毀掉它卻只要 5 分鐘的時間。」

Deloitte 顧問公司針對富比士 300 位企業董事所做的調查，顯示類似的看法。危機對企業傷害程度依序為：企業形象（48%）、員工士氣（48%）、銷售（41%）、生產力（39%）、領導人的形象（33%），以及股價（22%）。其中形象與員工士氣的影響最大。

在危機後的經營現場，企業常會急忙推出促銷，希

望能恢復銷售，卻忽略了疲於奔命站在第一線心力交瘁的員工、仍然氣憤填膺的受影響消費者，以及尚未恢復的股價。

企業或許已準備翻開新的一頁，消費者卻仍然執著於所受到的影響。然而企業隱晦或避談危機處理方案，也讓正確資訊無法被即時地搜尋。更重要的是，企業缺乏完整的品牌思維，有計畫地創造更多的正面內容，因而無法扭轉形象。

事實就是事實。企業無法改變曾經發生的事實，但是可以更有系統地修復傷口，恢復品牌形象。

若提到台灣最有名的危機事件，大家會聯想到頂新油品事件。雖說事發已經過多年，頂新也宣布退出台灣的經營。但受到該事件影響最大的味全，台灣事業直到 2020 年才轉虧為盈，距離危機事件也長達六、七年之久。

從事件發生至今，味全持續努力修復品牌形象，並

且從強化食安管理策略出發，採取「全產品溯源」、「配方簡單化」及「品質與國際接軌」行動，希望重建消費者對味全食品的安心期待，仍然無法完全擺脫油品事件對聲譽的傷害。

在重大危機之後，形象修復的確是一場漫長之旅。

Deloitte 顧問公司調查也證實，高達 70%董事會成員認為，企業至少需要花費一至五年時間，才能恢復企業形象。在同樣時間區間之下，財務與營運上則分別是 69%、64%。這顯示形象修復困難程度，相較於財務與營運，有過之而無不及。

面對以時間換取的修復之旅中，企業如何展開正確的第一步？我建議企業可先從執行善後行動做起，讓人們了解企業彌補錯誤的誠意。隨後展開修復計畫的準備工作，確切執行品牌修復行動，有系統地恢復企業形象。

CPR 原則──Communicate, Prepare and Recover 可協助企業，有條不紊地展開危機後的策略布局。

危機解密
從預防到修復的實戰管理

Communicate 展開過渡時期溝通

　　從危機結束到恢復形象，企業會經歷一段「後危機期間」，又可稱為「溝通過渡期」，一方面忙於執行善後行動，另一方面必須展開正常營運。如何兼顧兩者，有系統地展開溝通行動，為危機過渡時期的重點工作。

　　針對善後行動，企業必須認清一個事實，最重要的溝通對象是受影響的對象。因此，在溝通行動上，特別是針對消費者危機事件，我建議運用一對一溝通管道，例如 email 說明、電話慰問，甚至面對面拜訪，讓受影響對象了解企業解決問題的誠意與具體行動。

　　例如，在餐廳大規模的病毒感染事件之後，執行長親筆簽名的道歉與慰問信函、運用簡訊或電話關心受影響的消費者，或實際去醫院探訪等，都可以讓受影響者感受企業的誠意。

　　另外，強化員工溝通，體恤員工並鼓舞士氣，也是很重要的行動。在巨大的危機後，無論是最前線的銷售人員、回應顧客的服務人員、與媒體溝通的公關人員，

以及後勤支援的員工等，已面對利益關係人的諸多責備，甚至加班多日，承受莫大的身心壓力。這個時候，企業領導人更需要重視員工溝通，謝謝大家願意在關鍵時刻，全力以赴力挺公司，也關心大家疲憊的身心，並提醒隨時與主管溝通調整工作。

畢竟善後是一場長期抗戰，讓員工感受到領導人的關懷，或即時分享消費者的正面回饋，對鼓舞團隊士氣都有很大的幫助。

當危機事件嚴重到企業必須花費較長的時間才能解決，並影響廣泛利益關係人，特別是大眾對企業的觀感，就必須花費額外的資源進行改善行動的溝通。這類型溝通重點在於恢復人們對企業的信心，具體看見企業所做的改變，看見改變可以解決問題，甚至看見受影響的人們可以恢復正常。

知名英國石油的墨西哥灣漏油事件，雖然第一時間執行長給人的道歉觀感不佳，但後續清除漏油與恢復當地環境等，即採取清楚且持續溝通做法。透過多達 300 支影片，英國石油企業負責人、技術專家、員工等現身

說法，就算仍有環保團體或當地居民無法諒解，至少已展現負責善後的具體行動。畢竟這麼大的危機事件，道歉一次是不夠的，企業必須一次、兩次、三次，很多次的道歉與說明，才能讓外界了解企業改善的誠意。

至於恢復正常營運的行銷商業行動，我建議初期先以官方的官網、臉書粉絲團或小規模的網路廣告開始，盡量避免大張旗鼓鋪天蓋地的宣傳。特別對於消費性企業，傳播的調性應該維持虛心、誠懇，並以事實為主，避免過於歡樂的行銷活動、大規模的促銷，或開心的慶祝活動等，以避免造成受危機影響的消費者抱怨，又引發另外一波議題。

之前就有手搖飲業者因黑糖含焦糖色素引發爭議，在危機道歉之餘又宣布買一送一，引發網友再一波論戰。這對於改善因誠信發生的聲譽危機，並無實質幫助。縱使有喜歡折扣的消費者前去排隊，但更多網友卻覺得此舉並不恰當。

另外，如果有媒體邀請採訪公司負責人，可以從媒體的友善度與影響力評估，談論危機發生經過的心路歷

程。企業最高主管可再次表達負責任的態度、對消費者的歉意、誠懇地分享心情起伏，以及目前所做的努力等。這有助於危機修復前，超前打造友善的環境。

Prepare 準備危機修復計畫

所有危機事件都需要修復計畫？這是商業營運命題，也是品牌形象命題。

從商業營運面來看，答案是肯定的。

不要浪費任何一個危機。

根據 PWC 調查發現，41%高階主管表示從危機中存活下來的經驗，讓企業變得更強壯。這當中的關鍵為化危機教訓為系統改善，展開營運面的修復行動。企業可以從三大層面思考：

‧ 風險偵測改善：根據此次危機經驗，企業是否有夠完整的風險偵測機制與能力？哪些地方必須投入資源

改善與強化？

· **危機管理改善：**現有危機管理流程、組織運作與反應速度，是否有不足之處？是否需要改善？

· **商業運作改善：**企業如何透過商業運作的調整，讓類似的危機不要再發生？這需要投入的資源包括人員訓練、設備強化、流程設計、原料替換、供應商更換等。

透過危機後檢視，可讓企業展開商業營運面的修復計畫，讓危機的教訓成為組織記憶的一部分、日後預防與回應的能力養分，以及系統的重要環節。這才是真正的化危機為轉機，強化企業商業競爭力的契機。

曾有零售業者經歷重大危機事件之後，全面展開組織危機管理系統的檢視。透過部門主管的訪談，這家企業發現內部缺乏危機預防機制、處理流程不夠清楚，主管們對於危機共識也不夠高。在結束訪談後，企業以日常跨部門會議，建立議題偵測與分享的機制，可以即時

預防危機。除此之外，企業強化既有的危機管理手冊，並且輔以教育訓練工作坊。讓部門主管學習過去的危機經驗，也建立共識，並模擬演練危機發生時的處理狀況。這就是最具價值的商業修復計畫。

至於形象修復計畫，可從利益關係人議合（Stakeholder Engagement）與消費者調查著手，評估投入大規模修復行動的必要性。

當危機告一段落，企業恢復正常運作之後，建議可以展開利益關係人拜訪請益之旅。這樣面對面的溝通，本來就是企業進行危機預防的重要工作。趁著危機之後，藉由拜訪請益與利益關係人交換意見，虛心求教可能的建議，甚至可與利益關係人展開未來的合作，有助於擬定品牌修復計畫。

至於消費者調查部分，主要任務是了解品牌形象受傷的程度。這當中可能的問題包括：是否知道品牌危機事件？對消費者的觀感與行為的影響？可能修復行動的

偏好與建議等。這樣一份客觀的調查報告，可以作為評估品牌修復計畫的基礎，以及未來計畫付諸實踐之後的衡量指標。

除了消費者調查報告之外，危機類型也可以作為判斷是否需要投入大規模資源，展開品牌形象修復計畫與行動，可參考表 7-1 分析與建議。當然危機個案不盡然相同，最終還是以企業所擁有的資源、對商譽的傷害程度、董事會與高階主管的意見等進行綜合考量。

| 表 7-1 危機類型與原因 vs. 形象修復建議 |

危機類型	危機發生原因與案例	形象修復建議
受害者群 victim cluster	・危機發生並非肇因於組織，但組織為危機受害者 ・例如自然災害、謠言、前員工不當行為，以及產品被冒用或竄改等	・危機發生當下，清楚溝通做法 ・或日後被問及持續回應改善做法 ・不一定需要額外投入資源進行形象修復

危機類型	危機發生原因與案例	形象修復建議
意外事故群 accidental cluster	· 危機的發生為組織非意圖性的行動 · 例如，利益關係人對組織不適當行為的挑戰、技術或設備領域的錯誤造成工業意外，以及技術錯誤造成產品傷害，必須回收產品等	· 可考慮投入額外資源進行形象修復 · 例如：利益關係人議合、技術或設備改善溝通行動、產品重新上架溝通
可預防事件群 preventable cluster	· 這類型危機的發生多半是組織知情卻將人放置於風險，或者採取不適當的行動，甚至違反法律等 · 例如，人為因素造成的意外、產品瑕疵下架、組織行為失當違反法律	· 企業必須投入額外資源，進行形象修復 · 例如：產品重新包裝上架、企業公益行動等

Recover 執行品牌修復行動

　　每家企業品牌修復行動都是獨特的，較難套用 SOP 發展。我建議企業可從人們最在意的事情出發，採取有感的商業行動，並透過大眾傳播的力量，讓人們了解：

過去的錯誤不會再發生，
企業誠心地採取改善行動！
請相信我們的產品，請信任我們的公司！

　　在過去經驗中，企業經常會有「捐錢公益，漂白形象」的想法。這不僅缺乏「化危機為改善企業動力」的積極思維，也低估了利益關係人對企業的期待值。這是一個人人皆可以發聲的時代。企業一廂情願認為做做公益就可以解決問題，或許可以取得部分利益關係人的肯定，但不代表能得到受影響者的認可。特別在與道德、價值、法律相關的危機，現代公民的力量遠遠超過企業所想像的程度。

　　當實際執行品牌修復行動，企業必須具備「從哪裡跌倒，就從哪裡站起來」的核心思維！產品類型的危機事件必須從新產品上市出發，恢復消費者的信心，進而帶動形象修復，三星 Note 7 事件就是最好的案例。

　　管理類型的危機事件則必須從管理政策與措施出發，恢復主要利益關係人的信心，例如董事會與股東、

政府部門等單位，更必須評估導入客觀第三者的肯定，才能逐步恢復形象。日月光翻轉高雄 K7 廠廢水事件，連續五年榮獲道瓊永續指數「半導體及半導體設備產業」領導者殊榮，為另一個值得參考的案例。

▶ 產品危機事件──從 Galaxy Note7 到 S8，三星品牌逆轉勝

▶ 事件背景

2016 年 8 月 2 日三星於紐約熱鬧舉辦「Galaxy unpacked 2016」發布會，介紹旗艦機種 Galaxy Note 7。這款消費者引頸期盼的機種，首批預訂名額就已爆滿，並陸續開始交貨。然而從 8 月 24 日起，韓國發生第一起 Note 7 充電爆炸，世界各地傳出多宗爆炸案，美國還有數輛車子與房子被燒毀事件。

在第一時間，三星宣布停售與回收，並計畫於韓國等全球十個地區召回 250 萬台 Note 7，同時也為使用者提供退款或更換配備安全電池的手機。隨著事件程度持

續升高，三星更嘗試透過軟體升級與結合新版手機，希望能解決問題，但仍擋不住陸續發生的爆炸事件，導致美國、日本等多國紛紛宣布航空器禁止攜帶 Note 7。

當事件發展至 10 月 11 日，三星最終發出公告，全面終止 Note 7 生產！三星要求所有合作系統商和經銷商停止銷售和置換手機，亦呼籲使用者關機停止使用，持續給予退換貨。同時，三星更進一步承諾將銷毀全球所有的 Note 7，以對廣大產品使用者和消費者負責。

》形象修復行動

根據三星所公布的財報，Note 7 事件造成高達 30 億美元損失，更對企業聲譽產生嚴重傷害。這麼大規模的危機事件，三星形象修復行動勢在必行，並必須從兩大層面思考：

· 如何消除消費者對三星手機的疑慮，確定危機不會再發生？

· 如何建立消費者對三星新手機的興趣，並願意購買？

三星採取兩階段形象修復行動，首先從管理面出發，強化電池安全措施與檢測，後續傾全力上市新款手機 Galaxy 8，並搭配形象廣告，企圖重新建立消費者的信心。

▶ 第一階段：消除疑慮，正式揮別 Note7 危機

新機正式上市前兩個月，三星於南韓首爾舉行全球記者會，公布 Note 7 事件調查結果。由當時行動通訊事業部總裁高東真主持，並邀請知名第三方專業檢測機構——UL、Exponent 與 TUV Rheinland 出席，分享調查結果，以及後續改善管理行動。

在記者會現場，三星負責人高東真誠懇且堅定地強調：

在過去幾個月，三星投入一切努力及大量資源，全力調查 Galaxy Note 7 事件的原委，包括檢視 Note 7 軟硬體和流程等各個環節，如組裝、品管與物流。

我們特別設立一個大型測試廠，動員約 700 名研究

人員和工程師，透過測試超過 20 萬台 Note 7，及超過 3 萬顆電池，藉以模擬重現事件現場，最終針對事件原因做出總結。除了進行內部調查外，三星亦委託第三方專業檢測機構——UL、Exponent 與 TUV Rheinland 提供客觀與公正的獨立分析。

根據三星及第三方專業檢測機構所完成的調查結果顯示，電池為 Note 7 事件之肇因。我們為創新的 Note 7 訂定電池規格，但未能在上市前，即早針對電池之設計和製程所引起的問題，進行最終確認與釐清。

為此，三星必須負起全部責任。我們誠摯地對 Note 7 顧客、系統商、零售與通路夥伴，以及企業夥伴的耐心與支持，致上最深的歉意。

同時，我們採取三大管理做法——產品研發導入多層安全措施計畫、強化八項電池安全檢測，以及邀請外部專家成立電池諮詢委員會，以確保電池的創新與安全。更重要的是，我們希望確保不再重蹈覆轍。

展望未來，我們將重申對安全的承諾，繼續朝創新之路邁進。對於過去幾個月來的學習，我們深刻自省並

反映在管理流程與企業文化，並比以往更努力的態度，透過更嚴密的機制作好安全把關，創造無限可能性，以及帶來令人驚艷的新體驗，以突破創新贏回消費者的信任。

　　為了讓外界可以快速理解電池安全的改善，三星發展清晰的資訊圖表，期望讓人們一目了然，理解公司承諾產品安全的決心與毅力。三星更承諾不僅為公司更為產業，未來將積極分享經驗教訓，為提高鋰離子電池安全標準善盡一己之力。

➤ 第二階段：建立信心，重返三星手機榮耀

　　在清理危機戰場之後，三星選擇在 2017 年 3 月 29 日於美國紐約市林肯中心，並同步於全球轉播，正式發表 Galaxy S8 與 Galaxy S8+高階旗艦智慧型手機，以及 Samsung Gear VR。

8-Point Battery Safety Check

Since the Galaxy Note7 recall, we've re-assessed every step of the smartphone manufacturing process and developed the 8-Point Battery Safety Check. It involves putting our batteries through extreme testing, inside and out, followed by careful inspection by X-ray and the human eye.
We are making a stronger commitment to safer devices.

8-Point Battery Safety Check Test

Durability Test

It starts with enhanced battery testing, including overcharging tests, nail puncture tests and extreme temperature stress tests.

Visual Inspection

We visually inspect each battery under the guideline of standardized and objective criteria.

X-Ray

We use X-ray to see the inside of the battery for any abnormalities.

Charge and Discharge Test

The batteries undergo a large-scale charging and discharging test.

TVOC Test

(Total Volatile Organic Compound) We test to make sure there isn't the slightest possibility of leakage of the volatile organic compound.

Disassembling Test

We disassemble the battery to assess its quality, including the battery tab welding and insulation tape conditions.

Accelerated Usage Test

We do an intensive test simulating accelerated consumer usage scenarios.

ΔOCV Test

(Delta Open Circuit Voltage) We check for any change in voltage throughout the manufacturing process from component level to assembled device.

| 圖 7-1　三星八項電池安全檢測 |

整體而言，三星品牌修復之旅是以更創新的設計、技術與規格收服消費者的信心，並搭配系列形象廣告，希望讓消費者有耳目一新的感受。

新上市 S8 系列包括全球第一款使用 HDR 螢幕（High Dynamic Range）手機，希望能強化消費者觀賞體驗，完整呈現 HDR 影片的色彩對比。在設計上則以無邊際螢幕與極細邊框設計，讓消費者感受螢幕更大，但體積更小。另外也推出全新人工智慧助理「Bixby」，希望以聲控操作多項功能。

創新且高規格的產品特色，協助三星站穩了重返榮耀的第一步。隨後搭配品牌形象廣告，三星訴之以情的內容，傳達企業的企圖心，但又巧妙的置入新產品，希望能打動消費者的心。

三星 across the universal 廣告，故事場景從醫院產房開始，一位父親拿著三星手機，拍下他的新生兒第一張照片並分享，就讓孩子與世界連結起來，也開啟無限可

能的視野，展開人生冒險之旅。

這支廣告透過新一代人的視角講述故事，探討三星如何克服技術障礙，讓曾經不可能成為現在的新常態，並且展示技術如何在最佳狀態下，協助消費者建立有意義的聯繫，並鼓勵消費者「做你不能做的事——Do What You Can't」。

優秀的產品加上成功的廣告訴求，讓三星 S8 系列上市僅一個月，銷量已超過 500 萬台。2018 年 2 月三星在世界行動通訊大會表示，S8 系列 2017 全年銷量就達到 3700 萬，為三星賣得最好的智慧型手機之一。當年 Interbrand 所評選全球最佳品牌，三星也以高達 562 億美元品牌價值排名第六，較 2016 年上升一名，也成長 9%品牌價值。

此時此刻的三星，正式揮別危機陰影，重返榮耀！

❯ 結晶與學習

　　三星危機修復為全世界、全方位與全傳播的做法，企業雖未必有如同三星的龐大資源，但仍值得學習借鏡其做法。

- **管理與溝通雙管齊下，終結負面印象：** 新產品上市前兩個月的調查記者會，三星誠懇、清楚又具體的管理行動與溝通行動，對於消除人們疑慮，終結負面印象，具有相當大的幫助。如果沒有這個記者會，人們腦中印象很可能還停留在一大堆的問號，很容易腦補各種電池爆炸的畫面。三星調查說明有助於提供正確的解答，例如八項安全檢測的圖像等，逐步建立消費者的信心。

- **邀請具權威專家與機構，為電池安全背書：** 與其自說自話，不如專家背書。三星調查報告，邀請全球頂尖專業檢測機構參與，提高透明度與可信度。同時，三星邀請外部專家所組成的電池諮詢小組，包括劍橋大學、加州柏克萊大學、史丹佛大學等化學、材料科學與工程領域學者，這些客觀的專家群

有效地建立人們的信任基礎。

· **高規格、創新又吸睛的新產品成績：**從產品發生的危機，就要以產品喚起人們的信任。根據哈佛商業評論文章，三星 Note 7 發生爆炸問題後，消費者換機人數遠大於退錢，這顯示三星使用者有一定的品牌忠誠度。從大規模的新產品上市出發，再持續溝通銷售上的好成績，顯然對於恢復消費者信心有很大的幫助。

· **訴之以情的形象廣告：**雖然廣告是自己說自己好的方式，但是好的廣告可以讓消費者感受到與品牌情感的連結，進而產生好的印象。品牌修復期的廣告，除了凸顯三星這家公司勇於嘗試創新的品牌精神，也讓消費者，特別是年輕的世代，產生共鳴進而建立好感。

▶▶ 管理危機事件——從高雄 K7 廠環保危機翻身，日月光成為國際永續領導者

▶ 事件背景

2013 年日月光高雄 K7 廠爆發廢水事件，讓這家封裝測試的全球領導者陷入重大危機。然而經過多年的形象修復行動，從 2016 年起連續六年，日月光獲得道瓊永續指數（DJSI）「半導體及半導體設備領域產業」最高分的肯定。究竟日月光如何從環保谷底翻身？

整起事件發生於 2013 年 10 月 1 日上午，日月光委託漢華進行水處理維護工程。由於承包廠商進行作業疏失，導致半小時施作期間鹽酸大量溢流，並循管線流入後勁溪。第一時間日月光工程人員投放大量液鹼作緊急處理，但仍遇到高雄市政府環保局人員循線稽查，並直接於現場採集樣本，帶回進行檢驗調查。

在近兩個月公文來往的調查之後，高雄市政府環保局陸續採取一連串的密集行動。這當中包括針對 10 月 1 日事件開罰日月光、密集於 K5、K7 與 K11 廠稽查和

採樣化驗，並會同農業局與海洋局採集後勁溪的農作物和漁塭集水樣本等，以及暫時禁止採樣的農產品和漁產品出貨等。

到了 12 月 20 日，高雄市政府環保局長陳金德召開記者會，宣布日月光高雄 K7 廠違反水汙法屬情節重大，符合勒令停工規定。同時高雄地檢署也針對日月光 K7 廠案件，緊鑼密鼓展開偵辦調查，並陸續傳喚相關人士。2014 年 1 月 3 日，高雄地檢署正式起訴蘇姓廠長等 4 人，日月光也以法人身分被起訴。

針對整起事件，日月光董事長張虔生於 12 月 16 日舉行記者會。他除了現場鞠躬道歉，也強調日月光絕對是負責任的企業，更表示為了確保類似事件不再發生，全力要求公司進行環保總體檢，並聘請國內外的環保顧問公司，檢視所有廠區的環保管理與執行計畫。同時 2014 年是日月光成立 30 週年，也承諾捐獻每年至少 1 億元、至少 30 年、總金額至少 30 億元，用於推動台灣環保相關工作。

▶ 形象修復行動

日月光 K7 廠事件造成的不只是形象傷害，財務面也帶來影響。根據估算，K7 廠每月產能近 5800 萬美元，初估停工期間產生每月 1800 萬美元的潛在影響。因此，日月光必須盡速強化環保政策與管理，讓 K7 廠得以盡速復工。在此同時，日月光還必須面對法律官司訴訟，也成為公司形象修復之路的重要挑戰。

面對這麼大型的危機事件，日月光形象修復行動關鍵為司法訴訟、環保政策，以及系統性的重建聲譽。

· **法律面：**如何在法律攻防之間，證實日月光 K7 廢水排放為單一的意外事件？針對每次的宣判結果，如何管理對公司的形象影響？

· **環保面：**如何強化環保管理與執行計畫，不僅讓 K7 廠得以盡速復工，也讓人們相信日月光已經脫胎換骨？

· **聲譽面：**董事長所承諾的企業環保作為與捐款，如何有系統地運用以重建日月光的名聲？

透過媒體報導、官方資訊與企業社會責任報告書，

進一步剖析日月光品牌修復之旅，正應證「從哪裡跌倒，就從哪裡站起來」這句話。日月光總共經歷了整地、播種、收成三大階段。

▶ 第一階段：整地──K7 廠復工（2013～2014）

未來日月光排放的每一滴廢水，都會符合國際環保的高標準！

日月光董事長張虔生

在道歉記者會上，張董事長這句話成為日月光從環保谷底重新起步的努力目標，也成為品牌修復的起點，特別是針對危機核心高雄 K7 廠復工。

從環保政策出發，日月光高雄廠發展十大承諾，希望由內部做起，建立環保理念、文化與行動，全面地落實在組織每一個角落。特別在廢水處理上，日月光高雄廠更以世界級管理封裝測試製程的專長，全面應用於工

廠的廢水監控與管理，導入更有效率的執行系統及更嚴謹的標準作業流程。

　　從 2014 年起日月光高雄廠逐步導入廢水監控及資料擷取系統，監控各項水質指標，並透過系統即時連線，水質發生異常時，可立即通知人員並採取對應行動，避免類似過去 K7 事件再次發生。同時，在水質超出法規標準值時，系統也會依照設定的標準作業程序，自動關閉排水設備，以確實做到不讓任何一滴廢水流出。

　　為了讓居民與大眾放心，日月光也公開廢水水質檢測資訊於大門廠區與網站，鼓勵大家一起來監督。日月光高雄廠分別於 K5、K7、K9、K11、K12 廠區大門設置 LED 螢幕，公開水質檢驗結果，並將 K7 廠水質檢驗資訊，主動且即時公布於高雄市環保局網站。**此舉向社會大眾展現日月光保護環境的決心，也以公開透明的資訊，邀請全民共同監督，有助於強化對企業的信任。**

　　總結整地階段，日月光 K7 廠復工經歷了有條件試

車、現場會勘與改善等各個過程。這當中包括高雄市政府環保局的持續監督與溝通、學者、高雄市環境工程技師公會及台灣半導體產業協會審查及現勘，當然也包括日月光員工的全力投入。

▶ 第二階段：播種——永續政策導入（2014～2016）

當 K7 廠忙著復工的同時，日月光集團也沒有浪費這個重要的危機教訓，開始更有組織、有系統，也更全面地導入 ESG 永續政策。**日月光以美國道瓊永續發展指數 DJSI，作為企業永續政策標竿，並聘請外部輔導顧問，再加上集團內部成立相關單位，導入完整的策略與做法。**

由日月光控股營運長暨日月光半導體執行長吳田玉領軍的「永續發展委員會」，展開了一場全球永續變革之旅。針對散布全球 19 座工廠，營運長不僅親自參與會議，也會把 DJSI 每一項問題攤開討論，看看公司可以怎麼做。這是業界少數最高經營階層親自盯梢永續指標，除了代表企業的承諾，也讓各子公司與工廠負責人

感受到：「我們是玩真的」！

　　至於策略與行動，日月光訂立「低碳使命、循環再生、社會共融、價值共創」四大面向作為永續發展策略，並由企業永續中心分別就「公司治理、環境、供應鏈、員工關懷與發展，以及社會參與」，透過日常團隊展開永續行動。

　　就以外界最注重的環境永續為例，日月光從管理面與公益面出發，透過具體的行動，改變外界的觀感，逐步恢復其企業聲譽。

・管理面──全台最大中水處理廠兼具節水功能與環教意義

　　日月光投資台幣 11.5 億興建高雄 K14 中水處理廠，最具代表性，除了協助高雄各廠區廢水回收再利用，更發揮了環保教育的意義。這所中水處理廠於 2015 年正式啟用，為台灣最大的中水回收廠，每日可處理 2 萬噸工廠放流水，回收使用 1 萬噸，回收率達 50％。當 K14 廠滿載運轉時，高雄廠廢水排放將可年

減超過 360 萬噸，相當 1440 座標準奧林匹克游泳池的水量。至於中水回收廠處理後的水為 RO 水，RO 水的乾淨程度是自來水的 10 倍，可再回到製程利用，提升廠區用水效率。

為推展水資源共生理念，日月光高雄 K14 中水處理廠除了吸引來自各領域的專家學者、學校、企業單位學習前來取經，更利用一樓打造成「綠科技教育館」，並與鄰近教育團體結盟，打造寓教於樂的環保教育。日月光還特別針對國小學童與成人設計不同教案，加入好玩又有趣的元素，期待人們以親身體驗與遊戲的過程，更重視與愛惜水資源。

- **環保公益面**──聚焦環境教育與環境品質，減少環境衝擊

　　日月光環保公益推動的執行主軸包括「推動環境教育」、「提升環境品質」、「降低環境衝擊」等，重點方案如下：

- **推動環境教育**──日月光與高科大能源科技中心合作環境教育。從 2014 年至今陸續帶領國中小師生，從

「一校一特色」串起「行動學習廊道」，以區域與校園特色，設計貼近生活的教學主題，如水資源、空氣汙染、蚊蟲防治等。透過百梯次環境教育課程，參與人數超過 15,000 人次，並培訓兩百多位種子教師，為台灣埋下環境教育的種子。

- 提升環境品質——環願山林計畫。日月光攜手環境品質文教基金會，以三年時間分別在嘉義、台南、高雄、屏東與台東等地，進行植林與復育。總計新植樹苗超過 3.7 萬株，撒播種子超過 140 萬顆，撫育養護樹木超過 5.4 萬株，面積更相當於 3.2 個大安森林公園。日後日月光也將地點交歸還林務機關，以確保延續造林結果。

- 降低環境衝擊——校園 LED 方案。自 2014 年起，日月光協助高雄與南投 92 所中小學，更換節能 LED 燈管及燈具。目前已累積更換約 91,000 支 LED 燈管，歷年累計節電也節碳約 5,980 噸，有助於兒童視力保健，更為節能減碳貢獻心力。

◈ 第三階段：收成──外界肯定階段（2016～至今）

從 2014 年 K7 廠復工、導入 DJSI 作為策略標竿、發展永續策略，並實際付諸行動，在歷經近三年努力，終於看到初步成效。2016 年日月光入選道瓊永續指數的「世界指數」與「新興市場指數」之成分股，代表全球法人投資機構的肯定。同一年，日月光也獲得 CDP 氣候變遷評鑑 A 級評價，以及「2016 AREA 亞洲企業社會責任獎」及「2016 TCSA 台灣企業永續獎」等獎項肯定，這些更代表產、官、學等重要影響者，以客觀的評估標準，肯定日月光的永續努力。

這些榮譽還延續到 2021 年，日月光連六年獲得道瓊永續指數半導體及半導體設備領域產業領導者的肯定。這時的日月光走出昔日的危機陰影，成為世界認可的環保企業。

◈ 結晶與學習

日月光危機修復至少用了三年時間，初步獲得外界的肯定，後來仍持續努力精進至今，花費了六年的時

間，成為世界認可的環保企業。畢竟 ESG 已是全球企業如火如荼展開的重要行動，日月光如果不進步，就代表一種退步。總結長達九年日月光的形象修復之旅，值得借鏡之處如下：

· **兼顧短期與長期的行動**：日月光注重短期 K7 廠復工，也承諾全面導入長期的永續政策，讓外界可以看到企業持續的努力與成果。特別是 K7 廠復工，日月光以公開水質檢測資訊於大門廠區與網站，鼓勵全民一起來監督。此一宣示動作讓外界感受企業資訊的公開透明，以及願意改變的決心毅力。

· **管理行動與公益行動雙管齊下**：在導入永續政策上，日月光以全球標準、高階主管承諾、系統性思維與做法，既有具體的管理策略與行動，也實現承諾以每年一億的環保基金，廣泛地與利益關係人合作，更有助於關係的修補與形象的提升。更重要的是，日月光不迴避危機。從 2013 年到 2015 年，每年企業社會責任報告書，都會揭露相關資訊與改善做法。

· **運用外界客觀標竿肯定成果**：所有的努力與其自說自

危機解密
從預防到修復的實戰管理

話，不如權威組織或專業人士背書。從入選道瓊永續指數到永續獎肯定，這些都是日月光運用國內外客觀標準，肯定努力成果的具體實證。這些獎項遠遠比日月光自己說，還更有用，更能取得利益關係人的信任。

形象修復 Dos and Don'ts

從執行善後行動、修復計畫準備到執行品牌修復行動，結晶形象修復 Dos and Don'ts 重點原則。

> Dos

- 當責為企業最重要的危機修復觀念，誠懇面對危機的負面影響與責任。
- 從哪裡跌倒就從哪裡站起來，聚焦最大傷害的管理改善行動。
- 形象修復建議從執行利益關係人有感的行動開始，以創造短期的成果。

> ▶ Don'ts

- 公益不是修復形象的萬靈丹，但可以有助於社會觀感的提升。
- 不奢望快速恢復形象，但必須按部就班進行改善。
- 避免自吹自擂式成果宣揚，讓專業組織或專家為企業說好話

本章練習

1. 根據你的觀察，哪種危機型態最需要投入資源恢復形象？

2. 你所在的組織是否曾有危機修復計畫？你是如何處理？

3. 如果重新運用本章 CPR 原則，你會怎麼重新進行危機修復？

Chapter **8**

變種危機來了——
天外飛來一筆，
企業評估表態

東京奧運熱鬧滾滾的比賽，讓許多民眾熱血沸騰，紛紛於社群發表支持心愛的台灣選手，知名藝人也不例外。小 S 徐熙娣連續多日幫體操選手、羽球雙打麟洋配加油，當然羽球女單決賽也不例外。

在激烈競爭的羽球女單決賽中，由台灣羽球一姐戴資穎對上中國大陸選手陳雨菲，最後戴資穎遺憾獲得銀牌。小 S 很熱情地於 IG 帳號說：「雖敗猶榮，但我差點暴斃」，並表示「我老公說，Baby 妳要請全部國手到家裡吃飯噢？那會不會是群聚？」

此文一出，引發中國大陸網友大肆批評，指責她稱台灣選手戴資穎為「國手」，並抨擊她是雙面人，立刻登上微博熱搜。隨後多家中國大陸品牌宣布與之解約，一天之間被撤掉 3、4 個代言。在台灣除了媒體的大幅報導，台灣文化部、多位立法委員等也紛紛以臉書力挺小 S，表示為國手加油沒有什麼不對。

在第一時間小 S 微博澄清「我不是台獨」，而小 S 媽媽也出面緩頰並接受採訪：「小 S 被我和她老公臭了一頓，非常沮喪，被廠商終止合作十分出乎意料，我

和她老公都覺得她這次看奧運過於瘋狂。小 S 拜託廠商和網友不要封殺她，也希望廠家的銷量不會受到影響。」

　　小 S 整整神隱一個半月，所有社群平台也停止更新。後來於中秋節前夕，小 S 突然於微博致謝國台辦：「感謝國台辦再次幫忙澄清我不是台獨，也拜託造謠者到此而止。祝大家中秋團圓快樂。」

　　在經過近兩個月的時間，國手事件終於算告一段落，畫下句點。

　　小 S 不是第一個也不會是最後一個名人，因為社群發言觸動了兩岸最敏感的政治神經，遭到對岸網民的抵制。從當年 85 度 C 蔡英文總統過境美國送上大禮包、吳寶春事件、一芳水果茶等，企業看似沒有犯下錯誤，卻因為外界的輿論壓力，紛紛中箭落馬。

　　另外，企業負責人發言不夠周延，碰觸最敏感的世代價值差異，例如前王品董事長戴勝益名言「月薪未達五萬不要儲蓄」、形象良好的徐重仁談低薪議題，也曾

被鄉民批評，這些都是非典型的危機。

相較於天災、人禍等傳統危機，這些危機事件大多起源於社群發酵，類型推陳出新，演變速度快，但是企業可能還搞不清楚狀況，卻被逼著要立刻處理，要馬上表態，我將之稱為「變種危機」。

由於變種危機發生的比率越來越高，又是企業所陌生的危機型態，特別專章探討其中的原因與類型，並以實際案例，建議企業可因應的對策。

變種危機的本質探討

從實際的案例來看，變種危機的場景來自企業人士的不當發言，以及與消費者接觸場域的爭議狀況。

企業高階主管、代言人、網紅或合作夥伴的言論及行為，或者消費者接觸點，例如店頭、官網、社群、廣

告、促銷物等，發表或產生敏感、爭議或不適當的內容，都有可能造成社會大眾感覺到被侵犯或者不滿，因而產生大量的社群與媒體爭議性的輿論，對企業的聲譽造成一定程度影響。

　　常見的變種危機如下：

· **政治立場的差異：**最常見的就是中、港、台之間微妙的政治敏感神經。例如中國對於台獨的無法容忍、台灣對於中國台灣的矮化稱呼，以及隨著香港反送中之後，逐漸升高的反中情緒。

最典型例子就是一芳水果茶。2019 年香港長達 59 天「反送中」，罷工、罷市、罷課的三罷行動，造成股市重挫、交通癱瘓，全港情緒也接近沸騰。一芳水果茶的香港加盟門市宣布加入罷工行列之後，台灣一芳隨即在官方微博發文切割，表達「支持一國兩制、譴責罷工」的訴求，立刻遭到港台民眾的強烈撻伐，揚言拒喝。

· **族群的差異：**這當中的狀況包括種族、性別、貧富等

歧視，都有可能造成變種危機。例如兩名非裔男子進入美國費城一間星巴克門市，在等待友人的同時盼借用廁所。結果門市經理因對方未在店內消費而拒絕，並以「非法入侵」為由報警處理。這就是一種典型的族群歧視爭議，引發消費者抵制。

又如知名的遊戲大廠動視暴雪（Activision Blizzard），長期存在「兄弟會」企業文化，女性員工屢屢發生被性別歧視、性騷擾，甚至不平等薪資待遇。該公司後來更被加州政府一狀告上法院，這也是由變種危機所衍生的真實危機案例。

- 價值的差異：這可能包括平權、身材、世代等價值觀差異或歧視，也有可能造成變種危機。例如，A&F執行長在專訪強調不會賣大尺碼衣服，是因為不想讓肥胖的女性穿著自家品牌，甚至還表示：「每所學校內都會有兩種族群，一種是受歡迎的年輕人，另一種是不受歡迎的年輕人，我們當然選擇受歡迎的這一群，其他不符資格的人，就只好被淘汰，我們是淘汰主義者？我們就是。」這種對人們的身材歧

視，讓網友大肆抨擊，造成該公司負面形象。

從變種危機造成原因來看，企業不見得做了傷天害理之事，但總讓人覺得有點不對勁，遊走在道德、規範或法律的邊緣。這些企業本身或者個人，通常缺乏輿情敏感度，有時連平權敏感度都不夠好，大多以自己為中心，很容易觸動「你們 vs. 我們」的認同差異。

至於從危機蔓延速度來看，拜直播、影音、社群推波助瀾，這些事件通常不用一天，就可以捲動成社會大事。從危機處理的方式來看，企業負責人可能還沒搞清楚事情的來龍去脈，就已經帶動社群媒體的輿論浪潮，被網友們逼著要盡快道歉滅火。

面對變種危機時，企業必須認清一個事實：危機事件通常與對錯無關，而是與社會觀感有關，就是人們對企業的品牌印象分數。企業過去是否維持一定程度的透明度？企業平常是否常與利益關係人對話？面對危機企業是否都打高空言不及義？這些都涉及社會觀感。

事實上，處理變種危機就是處理社會觀感。至於

「社會」到底是誰啊？即是各式各樣利益關係人的統稱。批評企業的人未必是購買的人，購買的人未必是批評的人，當然也有可能是既罵又買的人。因此，在處理變種危機時，認清煽風點火的人，判斷出手的必要性，掌握回應的時機與分寸，讓大事化小，小事化無。

變種危機 2R 原則──Radar & Response

在理解變種危機的類型與成因，企業究竟該如何面對與因應？我建議從整體輿論通盤思考，迅速制定可行決策。企業可從 Radar 偵測與 Response 回應兩大原則出發，有效地遏止變種危機的延燒。

▶ Radar 偵測──先稍安勿躁，觀察社群風向

當變種危機如同狂風暴雨般來襲，先別急著回應，觀察社群風向才是上策。除了偵測媒體社群等討論數量與民意正負意見比例，也要找出重要意見領袖是否也投入發言？粉絲團鐵粉是否也鬆動？作為危機回應時機重

要依據。

過去曾發生知名消費品牌兩岸三地的代言危機。危機起源為該品牌於香港找的活動代言人，曾經發表反中的言論，引起中國網民強烈批評。隨後，該品牌香港辦公室決定停止代言活動，卻又引發香港、台灣、中國，兩岸三地媒體更大輿論對戰，甚至在香港還引發消費者抗議拒買行動。

站在台灣品牌經營者的立場，他們無法回應台灣媒體意識形態的討論，卻又擔心影響到消費者對品牌的觀感，特別是品牌粉絲團已經有許多網民紛紛留言謾罵，更擔心影響到通路銷售。於是該品牌陷入「左右為難，進退失據」的棘手狀況。

面對這樣的情境，最佳的處理方式為偵測至上。先稍安勿躁，觀察社群風向，並從輿論的數量與內容兩個角度，進一步分析社會觀感的現狀。

從輿論的數量來看，此一事件社群討論的聲量是否

與時俱增？還是逐漸下降？如果與「時」俱增，主要討論素材來源是原先的媒體報導？或者新的香港事件資訊？還是台灣當地新的資訊？這些數據資料讓品牌掌握事件演變脈動，可以從宏觀的角度了解危機的進展，是否越演越烈，可以做最壞情境的打算。

至於從內容來看，也就是社群討論品質，觀察的重點為是否有政治人物、名嘴、網紅等發言？他們發言的內容是單純評論事件本身？或者牽涉到任何行動，如拒買品牌、到通路抗議、打電話退貨等？如果任何牽涉到行動部分，第一時間進行相關的準備工作，以避免事件的擴大化。

當然除了社群觀察之外，品牌經營者也必須掌握幾個重點的指標：通路的來客數、網路與電話客服的數量、自營粉絲團的評論、銷售數字等，這些一併作為判斷事件對品牌銷售的影響，並評估日後是否需要進行品牌復原的依據。

面對政治類的變種危機，有些時候就必須「以靜制

動」。就像觀察颱風一樣，企業可以先了解颱風中心位置與行徑路線，做一些基本的防颱準備，例如堆沙包、鎖好門窗等。如果真的要登陸了，有了之前的防範，也不至於有太大的損害。

≫ Response——掌握 3C 原則回應，遠離危機颱風圈

當然，有些變種危機仍需企業回應，才能大事化小，小事化無。變種危機的特性在於企業不見得做了傷天害理之事，所以要怎麼回應讓輿論平反，而不是火上加油，的確考驗企業的智慧。

我建議企業掌握 **3C** 原則：**Core** 中心思想、**Content** 回應內容、**Channel** 回應管道。

≫ 原則一：Core 中心思想

所謂中心思想是指企業對於變種危機的定調。企業評估輿論壓力是否已經到了臨界點，必須清楚地「表態」。政治類的變種危機需要模糊化、企業負責人說錯

話，或是觸犯族群、平權議題則必須誠懇致歉。

　　華碩 ROG 電競產品曾遇到政治型態的變種危機，最後冷處理數天表態，成功地化險為夷。為了強化日本市場的品牌行銷，ROG 與知名 Hololive 經紀公司合作。Hololive 主要負責的是虛擬 YouTuber，規劃旗下擁有百萬粉絲的「白上吹雪」以直播方式，介紹 ROG 電競系列產品。

　　不過，Hololive 旗下的虛擬 YouTuber 曾與中國網友結下過樑子。這名 Youtuber 曾透過影片向觀眾展示自己的後台數據，並講到各國觀眾分布時，表示臺灣為國家，引發中國網友不滿。因此，當中國網友看到 ROG 要與 Hololive 合作，立刻湧入 ROG 玩家國度官方微博留言抗議。

　　隨後中國 ROG 社群編輯又擅自為華碩表態，強調會阻止日本 ROG 直播活動之外，並表示華碩是「中國公司」。這又引發日本、台灣網友的不滿，更挑起台灣網友的反中情緒，紛紛湧入華碩台灣臉書粉絲專頁留言

危機解密
從預防到修復的實戰管理

抨擊。最後,華碩將白上吹雪的直播取消,並以冷處理方式,等待了六天之後,巧妙地透過內部年度電郵,順帶提到對這次事件的看法:

關於近來社群論壇上各界的意見與指教,我們要以謙遜的心態,學習及尊重所有個人和團體提出的不同觀點與見解,持續專注地、堅定地為全球使用者,提供以用戶為核心的產品與服務。

這個定調高明之處在於模糊化政治議題,不直接跳入支持那一方,完全以誠懇的態度,希望回到企業的本質,提供以用戶為核心的產品與服務。雖然不見得讓網路正反輿論完全消除,但至少透過回應展現了企業的中心思想,讓議題得以止血。

> 原則二:Content 回應內容

在發展中心思想之後,企業必須針對回應內容進行論述。這就類似危機處理的聲明稿,企業必須掌握溝通

的核心價值、釐清外界誤會之處，又或者或針對錯誤道歉，最後再表達誠意與謝意。

老牌餅乾公司中祥食品，曾因為與彩虹愛家生命教育協會合作「為偏鄉孩子說故事」社會公益活動，而遭到政治人物的批評。在公投期間，彩虹愛家生命教育協會，被人們普遍認為是反同團體。因此，代表時代力量參選新北市議員的曾柏瑜，看到中祥食品與彩虹愛家的合作，就在她的個人臉書貼文表示：「台灣知名蘇打餅乾中祥食品與彩虹愛家協會合作，根本是反同企業」，同時並以圖說表示「中祥食品＝彩虹愛家協會」。

此文刊登之後，引起挺同網友對中祥餅乾的不諒解，甚至還表態要抵制購買產品。中祥則以「讓公益歸公益」定調，表達企業希望落實社會責任，舉辦公益活動的初衷，並陳述多年來與彩虹愛家協會的合作內容，希望單純回歸為偏鄉孩子盡一份愛心。中祥也特別強調：

關於這次與彩虹愛家協會合作。本公司有感於全台

6000 位彩虹志工媽媽，這 20 多年來願意付出愛心，投注自己的時間，每週到校園為孩子們說故事。基於這份感動，本公司希望也能讓偏鄉孩子們受惠，才特別打造故事車，發行公益包，希望能盡一分微薄的心意。

本公司在參與這次全台巡迴說故事期間以及任何與彩虹愛家協會合作文宣上，並未涉入任何反同或婚姻平權議題。單純以愛為出發，並帶給孩子們幸福、歡樂為本次活動主要目的。也希望各界能多給與全台 6000 位志工爸爸、媽媽、哥哥、姐姐（統稱彩虹媽媽）支持與鼓勵。

當然，這並無法完全消除挺同、反同網友的論戰，但至少讓公司清楚地表態，嘗試淡化這個議題，回歸到公益活動的初衷與本質。

另外一個例子是 Honey Maid 全麥餅乾公司，於美國推出一支傳達現代家庭價值的廣告，不料卻引發廣大網友的批評。這支廣告講述了三個父親與孩子的故事，包括同性戀父親、單親父親與經常不在家的父親，無論

哪一個父親，什麼樣的身分，都給予孩子最健康的愛。

這支呈現真實世界家庭狀況的廣告，看似愛心滿滿，部分美國網友卻不買單，紛紛透過社群表達自己的不滿，甚至還有人批評廣告不真實、可怕等，根本不應該被拍出來。當然，也有網友表達正面支持的態度。

面對這些負評，Honey Maid 採取極有創意做法，找到了兩名藝術家進行創作。藝術家將負評一張張列印出來，然後捲成紙捲，並且製成「LOVE」的藝術品，並將十倍之多的正評同樣列印出來，散布在負評周圍。Honey Maid 將創作過程與這個藝術品拍成一支影片，果然引發人們更多正面的讚揚。在這支影片中，Home Maid 傳達如下訊息：

2014 年 3 月 10 日，Honey Maid 推出了「這是真實的」廣告，我們希望慶祝所有各種不同的家庭型態。當然，有些人不同意我們的訊息。於是，我們特別邀請兩位藝術家，透過手做創作的形式，把每一個對我們的批評，製作成一支支卷軸，拼出 LOVE 這個字。

危機解密
從預防到修復的實戰管理

事實上，我們收到超出負面訊息十倍以上的正面訊息，「家庭就是家庭」、「這是一個美麗家庭的故事」、「我喜歡你們的廣告」等。這正是這支廣告所想要傳達的訊息——愛。

圖片來源：http://reurl.cc/GbMLaD

| 圖 8-1　Honey Maid：Love |

▶ 原則三：Channel 回應管道。

　　最後，變種危機既然大多來自社群，回應管道一定要善用社群。這正是所謂從哪個管道開始，就運用哪一

個管道滅火。但是企業也不要忽略傳統媒體的力量，可以讓訊息擴散，發揮更大的回應影響力。

2020 年總統大選前四個月，PTT 傳出「小燕姐挺韓國瑜」，引發人們一陣熱議。這個與政治相關的議題，小燕姐透過臉書表態：

親愛的朋友～

這次的選戰很熱鬧也很有趣，小燕姐還沒有決定要選誰，也沒有發表支持任何候選人的文章。同時也要提醒大家，這麼重要的大事，不能光是聽別人的意見，要選自己覺得最適合的才是最好的。

by真正的小燕姐

這個做法不僅消弭了外界的誤會，也可充分表達自己的立場，不特別為政治人物背書。這則回應後續又被媒體廣泛的報導，也吸引了許多網友於社群回應「好久不見小燕姐，好想念小燕姐的笑聲～」、「想念小燕姐的節目」、「小燕姐何時回來拯救台灣綜藝」、「非常期

待在金鐘獎看到小燕姐」，就連論壇上的發文者也將文章刪除致歉：「本人一時不查誤解造成困擾非常抱歉。」

前述華碩 ROG 案例則巧妙地運用內部 email，再不經意讓媒體披露，可以理解公司的立場。這其實不算一個正式管道，但是，若 ROG 以台灣官方粉絲團或中國微博發言，很容易又引起鄉民們另一波的論戰。因此，為了在回應管道有效控制，華碩運用內部 email，再讓媒體轉載，當然最後社群、討論區等仍有鄉民正反兩面意見，不過華碩至少表達了態度，又不至於過度再發酵。

變種危機 Dos and Don'ts

總結變種危機的類型、原因與處理方式，結晶 Dos and Don'ts 提供企業參考使用：

▶ **Dos**

- 了解變種危機的原因與類型，掌握人們最在意的事情
- 先偵測了解輿論狀況，再評估是否要回應
- 所有的回應都必須要有清楚的中心思想與訊息
- 針對錯誤的發言，進行必要的道歉
- 永遠記得要有誠意與謝意。

▶ **Don'ts**

- 不要低估變種危機對聲譽的傷害
- 不要過於躁進採取行動，冷處理也是一種做法
- 不要與網友進入你一言我一語的衝突爭論
- 不要只用一種管道回應，評估可能影響的各種管道
- 不可能有完美情境——社群網路仍會有批評，但透過回應至少可以止血

　　無論喜不喜歡，企業必須正視變種危機隨時發生的可能性。企業未必做錯什麼事，但挑動了人們最敏感的

價值差異神經。面對這類型的危機，企業必須觀察風向、掌握速度、決定內容、善用社群與傳統媒體的結合，才能真正化危機於無形。

本章練習

1. 根據你的觀察，哪種型態的變種危機最容易發生？

2. 你所在的組織是否遭遇過變種危機？你是如何處理？

3. 如果重新運用本章的原則，你會怎麼處理曾經遇過的變種危機？

危機解密
從預防到修復的實戰管理

Chapter 9

危機解密
教戰手冊

當這本書寫至最後一章，我已將自己二十五年危機管理的武林祕笈，全部都分享解密完畢。

至於如何使用這本書？我希望大家永遠不要用到！或者只要用到危機預防的章節就可以了。畢竟這是危機管理現場的教戰手冊，我希望大家永遠都不要發生危機，也就永遠不要應用到這本書所傳授的技能了。

很不幸的是，從未有一個時代像今天一樣，隨時隨地都有可能發生危機。

就在我寫這本書之際，也遇到朋友問我，公司裡有同事刻意以匿名方式，於臉書靠北社團批評高階主管；在朋友聚會中，也有人討論身邊發生同事各有版本的性侵害事件，公司高層正在頭痛該如何處理。

歡迎來到當下危機的時代！
當下，就是現在，任何危機都有可能發生的時刻。

危機解密
從預防到修復的實戰管理

我相信本書介紹的觀念與做法，可適用於外商企業、本土大型企業，也可以用在中小企業。當然，政府機構、非營利組織、學校等，雖然不是商業組織，但仍可應用這當中的原理原則。

外商企業的使用建議

在過去經驗中，外商企業大多具備全球導入的危機管理機制，也會定期的舉辦模擬訓練。但在危機處理上，經常礙於總部規定，凡事必須先被核可，以至於在時差的情況下，產生反應過慢的現象。因此，我會建議任職外商企業的朋友們：

· **翻譯第一章「為什麼危機無所不在的六大現象」，讓國外總部的主管們了解，台灣是危機發生的熱門地區。**讓他們相信，充分授權台灣主管可以對外發言，方能彌補資訊真空的狀況，才有機會即時地讓危機消失不見。請他們放心，台灣主管一定會發言後回報，總部的角色與重要性仍然存在。

- 在危機預防部分，除了熟悉總部危機預防系統與流程，也可以參考第四章危機管理的步驟、任務與重點工作。這可以幫助管理團隊，透過在地化的角度思考危機預防，並更落實準備工作，而非只有紙上談兵的國外架構。如果有實際的需要，也可以將本書所說的做法，增補在既有的危機管理手冊。

- 在危機管理部分，第五章 DISCO 原則可以作為團隊思考危機處理的共同語言。在每年例行性的模擬訓練時，企業可以此作為討論個案的架構，鼓勵管理團隊一起運用 DISCO 原則，分析並發展危機管理的決策。

- 在變種危機部分，台灣與中國敏感的政治關係，外商公司必須小心因應。我建議可先盤點潛在議題，發展可能的因應之道。如果不小心觸及到地雷，或者看到同業公司誤觸地雷，第八章幾個不同案例的做法，可作為參考的依據。

危機解密
從預防到修復的實戰管理

本土大企業的使用建議

　　針對本土大企業，不同產業、不同組織之間的差異很大。我觀察許多大型企業，例如金融、零售、消費品等，危機管理的實戰經驗非常豐富，但絕大多數都是建立在個人身上。因此，我會建議本土大企業的朋友們：

· **認清楚問題、議題與危機的概念，並善用第三章年度議題盤點工具，分析並預防危機。**這可以成為企業公關部門年度提案的一部分，透過事前請教各部門主管的方式，與次級資料收集，讓企業高層了解公關的努力，透過更有系統的方式，管理議題並預防危機。

· **運用危機預防觀念篇與管理篇的方法，為企業導入或完善化現有的危機管理機制。**如果你的公司缺乏機制，就先從管理篇做起，至少先有一套 SOP，再逐步從點、線、面的觀念，建立同事們危機預防的敏感度。如果你的公司已有了機制，除了參考本書讓做法更完善化，建議持續強化危機管理的文化吧！

- 讓董事長、執行長與總經理了解，危機管理 DISCO 原則。在內部分享第五章危機管理的原則與桂冠的案例，讓企業高層了解，危機管理需要掌握管理行動與溝通行動，大家分工合作做好利益關係人溝通，不是只有靠公關的媒體關係。
- 介紹變種危機的觀念，讓企業對外發言的高階主管了解，說錯話的可能代價。第八章有許多的案例，可以提醒在社群時代變種危機的原因、型態與可能處理的方式。更重要的是，提醒企業對外發言的高階主管，在人人都是自媒體的現在，既需要慎行也要謹言。

中小企業的使用建議

針對中小企業，我的觀察是大多缺乏系統，也不見得有人力，當然能力上也需要強化。中小企業需要擔心的商業營運問題更多，不容易分配額外的心力、人力或財力，進行危機預防與管理。因此，我建議中小企業的

朋友們，掌握幾項危機預防與管理的重點工作。

- **舉辦主管讀書會**：如果企業老闆不小心看到本書的訊息，請花點錢買個幾本放在公司，大家可以舉行兩個小時讀書會，了解一下危機管理的概念與原則。
- **建立簡單架構**：如果大家心有餘力，還可以根據本書，制定一份 A4 兩頁的危機處理流程與建立危機處理小組。
- **運用案例討論**：如果平日看到同業有危機發生，建議可以運用本書的原則，與同事們一起討論：「如果類似的事發生在公司，我們該怎麼辦」？
- **危機緊急參考**：如果真正遇到危機時，就請直接翻閱第五章、第六章部分，運用相關工具與案例，思考處理的對策。

最後建議──危機該找外部顧問嗎？

每次我在演講或授課時，最常被問到一個問題：危機該找外部顧問嗎？該找律師提供意見嗎？是否需要公

關公司幫忙嗎？

　　這牽涉到企業的危機能力的強度。這本書作為危機管理實戰手冊，已經結晶企業所需要的 Know How，可以在上戰場時照表操課。但有一種知識叫做「專業經驗」，其實需要仰賴一次、兩次、多次，並且跨行業案件的現場實務。這些都是危機管理的細節，也就是外部顧問可以提供最大的價值。

　　我曾經在律師事務所任職，目前在企業內部任職，擔任過法務長、發言人、總經理到現在董事長的職位，因此有很多危機處理的經驗。即使如此，在面對法律案件或特殊狀況，我還是會有尋找外部顧問的需求，包括律師與公關公司。

　　我認為這兩種外部顧問的角色可以相輔相成。律師的專業在法律，可以確保公司符合未來訴訟的防守範圍，並從相對安全又不出錯的角度，給予溝通內容可能的底線。公關顧問的專業則在溝通，可以從社會觀感的角度，給予企業符合受眾感受的溝通建議，並且讓企業

有一些緩衝空間，不必直接面對媒體記者。

　　這是一位業界高層的中肯觀點與建議，可作為企業評估外部顧問的基本立場。至於何時該找律師？何時又該找公關顧問？我的建議如下：

❯ 當危機來臨，律師可以給予的幫助

　　一般而言，企業會尋找律師幫忙的危機案件，主要是已經牽涉到法律責任的案件、未來有可能進入法律訴訟、不確定但有可能需要法律諮詢（例如勞資糾紛、大量解僱、商業糾紛、大量消費者糾紛）、需與政府主管機關溝通的重大案件，以及企業高階主管行為失當的案件等。

　　在這些案件類型，律師可以扮演的角色在於提供法律諮詢意見，或者因為與政府主管機關熟識，可以協助企業發展較合適的回覆意見。**當然更多的時候，律師可以提供專業的建議，讓企業了解必須承擔的最嚴重、最有可能、最基本的法律責任。企業可以依此進一步評估**

對生意與聲譽的影響。

　　許多危機現場也會看見，企業請律師擔任面對媒體的發言人。律師本來在法庭上就代表企業當事人發言，因此面對媒體發言多半讓企業會有一種安全感。畢竟牽涉法律類型的危機，律師最了解可能的責任，發言可以守住底線，也不容易出錯。

　　但是律師發言的挑戰在於凡事就法論法，有時候專業術語太多，無法化繁為簡。特別較年輕或缺乏歷練的律師，動不動就會說：「依法企業並沒有任何過失」！這在面對媒體發言時，只會造成更大的反感。另外，律師發言其實是代表公司，如果律師本身的專業十足但態度強硬，又或者語氣就像上法庭，只會讓整個危機處理的狀況更糟。

　　總結上述的分析，企業可以妥善利用律師法律專業諮詢的角色，提供危機管理的建議。倘若真需要請律師擔任發言角色，我建議評估律師的過去經驗、平日與人互動的態度、說話的方式與語氣。另外可行的做法，還是由企業擔任主要發言，律師可以補充法律意見搭配發

言。

▶ 當危機來臨，公關顧問可以給予的幫助

當危機來臨時，企業是否應該找公關公司協助？這會牽涉到企業內部公關團隊的編制與經驗。現在許多大型企業或外商公司，幾乎都有公關部門的編制，對於處理危機事件的基本工作，如媒體關係、文件撰寫、內部溝通協調等，絕對有能力勝任。至於危機策略的能力，就必須評估個別企業公關部門主管是否具有商業策略觀點、掌握組織文化，並且可以客觀中肯又有勇氣，提出企業最高主管不見得愛聽的建議與做法。

所以我建議企業平日可以先了解公關部門危機能力，若力有未逮之處，可考慮評估危機搭配的公關公司。企業可從有能力與高階主管對話、豐富危機處理經驗、數位社群與媒體關係、願意說真話的諮詢，以及執行人力資源等幾個方面評估。

企業可以優先考量平日合作印象良好的公關公司，畢竟對於企業狀況、工作默契或媒體關係，大多會有基本能力，比較容易快速上手。另外，若有律師介紹曾經合作過的公關公司，也是可以考量的對象。當然，面試公關公司負責人、總經理、副總層級的人，詢問他們過去危機處理的經驗、針對特定危機事件的觀點與建議，以及可能搭配的團隊，也可以快速找到合適的夥伴。

　　至於在危機管理的現場，公關公司可以幫忙的部分，包括基本媒體與社群監測、新聞文件的處理、媒體聯絡與基本應對、媒體與社群策略諮詢、危機管理策略諮詢，以及利益關係人接觸能力等。這必須看公司經營規模大小、人員資深程度、過去經驗等，決定可能合作範疇。我建議企業可以一開始就了解清楚，避免造成期待值的落差。

　　我自己擔任企業危機公關顧問多年的經驗，我覺得一個好的諮詢者，必須做到三件事——冷靜又同理的態度、客觀與實際的建議，以及超前部署的思維。

為什麼要有冷靜又同理的態度？在危機發生的當下，大多數企業是混亂、緊張，不知從何開始的。公關顧問必須維持冷靜的態度，有條理地請教客戶，傾聽客戶的說法，但不批評客戶的做法，才能成為安定客戶的力量。同時，公關顧問也必須具備同理心，了解客戶的擔心與害怕、危機對客戶傷害有多大等。唯有從同理的角度看事情，公關顧問才會與客戶站在同一條船上，並在高壓之下擁有信任關係，公關顧問的建議才容易被採納。

　　客觀與實際的建議是指要對客戶說真話與實際的建議。相較於客戶身陷危機，經常會產生以企業為核心的思維。有些高階主管甚至還會告訴我：「同事們都覺得公司是無辜的，這是無妄之災」，類似自我感覺良好的陳述。這時候，公關顧問就必須誠實且有禮貌地分析，利益關係人，如媒體、消費者、政府、非營利組織等，現在怎麼看客戶。**最好是運用社群與媒體監看的質化、量化分析，讓客戶能有更平衡的角度看危機事件，才有機會結晶更合適的危機處理決策。**至於實際的建議，主

要是指以企業的現有資源，可以做得到並且有效果的事。危機管理固然希望以特效藥拯救形象，但也必須考量企業營運實況。

最後則是超前部署的思維。企業面對重大危機時，大多只能活在當下，處理眼前緊急又重要的事。公關顧問可以憑著過去的經驗，提醒未來幾天、幾週、幾個月，重要但不緊急的事情。例如，除了媒體之外，還有哪些利益關係人必須特別留意或溝通？道歉記者會之後，如何透過輿情判斷止血可能性？提前規劃形象復原行動？公關顧問先讓執行長或總經理知道「重要但不緊急」的事情，可以讓組織早點分配可能的人力或資源，提前部署後續的行動。

結語

在本書付梓之前，我希望將這本書獻給我的媽媽、先生與小孩。因為家人們對我的支持與體諒，讓我才有機會可以出現在危機現場，沒日沒夜的協助客戶面對

它、處理它，最後放下它，大步向前走。

當然客戶們的信任，也讓我深深覺得公關真是世界上最迷人的工作之一。我腦中偶而會想起在客戶辦公室中，與董事長或總經理在危機記者會之前的對話、深夜與同事挑燈夜戰準備聲明稿、看到社群討論與留言的情緒起伏，以及危機記者會現場的高壓與緊繃。

這本書希望幫助到企業經理人，有效鍛鍊危機管理的肌力。如果讀者希望更進一步交流，你知道可以怎麼找到我！還是那句話，我希望大家永遠不要用到這本書。

參考資料與網站

Chapter 1

· PWC 調查報告

https://www.pwc.tw/zh/news/press-release/press-20190604.html

· 聯航危機事件

https://zh.wikipedia.org/wiki/%E8%81%94%E8%88%AA%E5%
BF%AB%E8%BF%903411%E5%8F%B7%E7%8F%AD%E6%9
C%BA%E4%BA%8B%E4%BB%B6

· 2021 世界新聞自由指數報告

https://rsf.org/en/ranking

· We Are Social 和 Hootsuite 2021 年報告統計

https://datareportal.com/reports/digital-2021-taiwan

· 頂新事件

https://zh.wikipedia.org/wiki/%E6%BB%85%E9%A0%82%E8%
A1%8C%E5%8B%95

Chapter 2

· 危機情境式理論

https://en.wikipedia.org/wiki/Situational_crisis_communication_

theory

· 行政院所屬各機關風險管理及危機處理作業基準

https://theme.ndc.gov.tw/lawout/LawContent.aspx？
media=print&id=GL000052

· KPMG 調查報告

https://assets.kpmg/content/dam/kpmg/tw/pdf/2020/10/2020-tw-ceo-outlook.pdf

Chapter 3

· 法式巧克力甜點創作 Yu Chocolatier 畬室臉書回文

https://www.facebook.com/yuchocolatier/
posts/3310630282363973

· 統一茶裏王假訊息事件

https://health.udn.com/health/story/6037/3089632

· 台北市政府抽檢

https://www.cna.com.tw/news/ahel/202108100172.aspx

· 全家循環便當

https://www.greenpeace.org/taiwan/update/22892/%E8%B6%85%
E5%95%86%E4%BE%BF%E7%95%B6%E4%B9%9F%E6%B8
%9B%E5%A1%91%EF%BC%81%E5%BE%AA%E7%92%B0%
E4%BD%BF%E7%94%A8%E9%A4%90%E7%9B%92%E5%A5
%BD%E7%92%B0%E4%BF%9D%EF%BC%81/

· 電磁波議題管理

https://corporate.fetnet.net/content/corp/tw/CSR/

EnvironmentalSustainability/Ewave.html
- 藻礁議題發展

  https://csr.cw.com.tw/article/41980

  https://news.ltn.com.tw/news/politics/breakingnews/3519850
- 味全食安三部曲

  https://www.weichuan.com.tw/News/Detail/209
- 台積電利益關係人的互動與經營

  https://esg.tsmc.com/csr/ch/CSR/stakeholder.html
- 英國政府利益關係人議合

  https://gcs.civilservice.gov.uk/publications/ensuring-effective-stakeholder-engagement/
- 帝亞吉歐理性飲酒

  https://www.diageotwcsr.com/drinking.php？act=spirit

Chapter 5

- 強冠油品報導

  https://news.ltn.com.tw/news/life/breakingnews/1103326
- 臉書個資外洩

  https://www.bnext.com.tw/article/48527/what-is-cambridge-analytica
- Airbnb 裁員信函

  https://news.airbnb.com/a-message-from-co-founder-and-ceo-brian-chesky/
- 桂冠巧克力湯圓

https://www.foodnext.net/news/newstrack/paper/5616541668

· 桂冠巧克力湯圓報導

https://www.cw.com.tw/article/5103090

Chapter 6

· 義美聲明稿

https://news.ltn.com.tw/news/life/breakingnews/1128348

· 英國石油道歉

https://www.fastcompany.com/1658218/8-most-important-videos-gulf-oil-disaster

· 迪士尼道歉

https://crossing.cw.com.tw/article/13782?utm_source=fb_crossing&utm_medium=social&utm_campaign=fb_crossing-social-daily_repost&fbclid=IwAR3aCugJFAW1jyUjcLKA-E62NUXDh38AsVpT_hms6HEznaRy454W1459J0A

· 蘋果道歉

https://www.ithome.com.tw/node/76531

· 臉書道歉

https://www.buzzfeednews.com/article/charliewarzel/facebook-doesnt-deserve-your-information

· 道歉研究

https://www.sciencedaily.com/releases/2016/04/160412091111.htm

Chapter 7

- 味全轉虧為盈

  https://finance.ettoday.net/news/1995726

- 味全品牌修復報導

  https://www.ettoday.net/news/tag/%E8%98%87%E5%AE%88%E6%96%8C/

- Deloitte 危機信心調查

  https://www2.deloitte.com/content/dam/Deloitte/us/Documents/risk/us-aers-global-cm-survey-report.pdf

- 英國石油漏油事件調查報告與修復行動

  https://www.youtube.com/watch？v=zE_uHq36DLU&ab_channel=bp

- 三星 Note 7 危機與 S8 上市

  https://zh.wikipedia.org/wiki/%E4%B8%89%E6%98%9FGalaxy_Note_7

  https://www.samsung.com/tw/news/product/galaxy-note7-investigation-0123/

  https://news.samsung.com/global/samsung-announces-new-and-enhanced-quality-assurance-measures-to-improve-product-safety

  https://news.samsung.com/global/samsung-and-leo-burnett-join-forces-to-launch-new-galaxy-brand-campaign

- 日月光高雄 K7 廠事件與永續發展

  https://zh.wikipedia.org/wiki/2013%E5%B9%B4%E6%97%A5%E6%9C%88%E5%85%89%E5%BB%A2%E6%B0%B4%E6%B1

危機解密
從預防到修復的實戰管理

%A1%E6%9F%93%E4%BA%8B%E4%BB%B6

https://www.moneydj.com/kmdj/news/newsviewer.aspx？
a=f73b691a-5de1-4b3a-9f2e-2a23a7aa06echttps://www.chinatimes.
com/newspapers/20131217000030-260202？chdtv

https://www.aseglobal.com/ch/csr-download/

https://news.cnyes.com/news/id/2016380

https://news.ltn.com.tw/news/local/paper/839504

https://www.storm.mg/stylish/2976833？page=1

https://www.taiwannews.com.tw/ch/news/2366377

Chapter 8

・小 S 國手事件

https://udn.com/news/story/6656/5645833

https://www.sohu.com/a/481140367_138481

https://www.bbc.com/zhongwen/trad/chinese-news-58116399

・A&F

https://www.ettoday.net/news/20130517/208979.
htm#ixzz78SxttU3a

・華碩 ROG

https://agirls.aotter.net/post/58226

https://www.cna.com.tw/news/afe/202012170389.aspx

https://www.cna.com.tw/news/afe/202012230402.aspx

・中祥食品

https://www.facebook.com/chfoods/photos/a.721647631232880/2

393644620699831

· **Honey Maid**

https://www.fastcompany.com/3048348/how-honey-maid-brought-wholesome-family-values-into-the-21st-century

http://www.digitaltrainingacademy.com/casestudies/2014/09/honey_maid_turns_social_media_hate_into_love_with_diverse_family_campaign.php

https://www.youtube.com/watch？v=cBCpRFt9OM&ab_channel=HoneyMaid

· 張小燕挺韓國瑜？

https://star.ettoday.net/news/1536024

危機解密
從預防到修復的實戰管理

BIG 380

危機解密：從預防到修復的實戰管理

作　　者—王馥蓓
圖表提供—王馥蓓
責任編輯—廖宜家
主　　編—謝翠鈺
企劃主任—賴彥綾
美術編輯—菩薩蠻數位文化有限公司
封面設計—職日設計Day and Days Design
董 事 長—趙政岷
出 版 者—時報文化出版企業股份有限公司
　　　　　一〇八〇一九台北市和平西路三段二四〇號七樓
　　　　　發行專線　(〇二)二三〇六六八四二
　　　　　讀者服務專線　〇八〇〇二三一七〇五
　　　　　　　　　　　　(〇二)二三〇四七一〇三
　　　　　讀者服務傳真　(〇二)二三〇四六八五八
　　　　　郵撥　一九三四四七二四時報文化出版公司
　　　　　信箱　一〇八九九　臺北華江橋郵局第九九信箱
時報悅讀網—http://www.readingtimes.com.tw
法律顧問—理律法律事務所　陳長文律師、李念祖律師
印刷—勁達印刷有限公司
初版一刷—二〇二二年一月十四日
定價—新台幣三八〇元
缺頁或破損的書，請寄回更換

時報文化出版公司成立於一九七五年，
並於一九九九年股票上櫃公開發行，於二〇〇八年脫離中時集團非屬旺中，
以「尊重智慧與創意的文化事業」為信念。

危機解密：從預防到修復的實戰管理/王馥蓓著.
-- 初版. -- 臺北市：時報文化出版企業股份有限公
司, 2022.01
　　面；　公分. -- (Big；380)
ISBN 978-957-13-9884-6(平裝)

1.危機管理　2.企業管理

494　　　　　　　　　　　　　110021715

ISBN 978-957-13-9884-6
Printed in Taiwan